Springer

高超声速飞行器系列丛书

空天飞行器

——从飞机场到航天港

[美]马修·A·本特利 (Matthew A. Bentley) 著

张红文 关成启 佘文学 译

SPACEPLANES: FROM AIRPORT TO SPACEPORT

北京理工大学出版社
BEIJING INSTITUTE OF TECHNOLOGY PRESS

图书在版编目（CIP）数据

空天飞行器：从飞机场到航天港/（美）本特利（Bentley，M. A.）著；张红文，关成启，佘文学译．—北京：北京理工大学出版社，2015.12

书名原文：Spaceplanes：From Airport to Spaceport

ISBN 978-7-5682-1151-2

Ⅰ.①空…　Ⅱ.①本…②张…③关…④佘…　Ⅲ.①空天飞机　Ⅳ.①V475.2

中国版本图书馆 CIP 数据核字（2015）第 303855 号

北京市版权局著作权合同登记号　图字：01-2015-7074 号

出版发行 / 北京理工大学出版社有限责任公司
社　　址 / 北京市海淀区中关村南大街 5 号
邮　　编 / 100081
电　　话 /（010）68914775（总编室）
（010）82562903（教材售后服务热线）
（010）68948351（其他图书服务热线）
网　　址 / http：//www.bitpress.com.cn
经　　销 / 全国各地新华书店
印　　刷 / 保定市中画美凯印刷有限公司
开　　本 / 710 毫米×1000 毫米　1/16
印　　张 / 15.75
字　　数 / 223 千字
版　　次 / 2015 年 12 月第 1 版　2015 年 12 月第 1 次印刷
定　　价 / 78.00 元

责任编辑 / 钟　博
文案编辑 / 钟　博
责任校对 / 周瑞红
责任印制 / 王美丽

本书谨向世界上最早的两架航天飞机的机组成员们致敬，他们将生命奉献给了探索新知识的勇敢历程。

“挑战者”号的机组成员有：弗朗西斯·R·斯考比、迈克尔·J·史密斯、埃里森·S·奥尼兹卡、罗纳德·E·麦克奈尔、裘迪斯·A·雷斯尼克、S·克里斯·麦克奥利夫、格里高利·B·贾维斯。

“哥伦比亚”号的机组成员有：里查德·D·哈斯本、威廉姆·C·麦库尔、迈克尔·P·安德森、伊兰·拉蒙、卡尔帕纳·乔拉、戴维·M·布朗、劳雷尔·克拉克。

前言

空天飞行器将是我们未来太空飞行中的重要组成部分。本书的主要内容包括：空天飞行器将如何发展，其与传统的飞机以及发射器相比有何不同；先进的空天飞行器将如何最终成为进入太空的主要手段。在本书中，您将不仅看到飞机与火箭，还将看到火箭飞机和空天飞行器。因为，只有真正对比这些交通工具，才能很好地理解本书的主题。

在没有空气的太空里飞行看起来可能有点奇怪。但是，对飞行的各个阶段（包括返回阶段）进行的深入研究表明，空天飞行器将不仅可用于近地空间，也同样可用于更遥远的太空。

考虑到几个重要的影响因素，在前往月球以及其他行星的太空飞行中，使用空天飞行器就显得更有优势。这些因素包括：（1）空天飞行器的巨型推进舱，使它成为理想的太空运输工具。（2）可充气的运载空间环境，既可轻松携带，也可从空天飞行器实施部署。（3）空天飞行器可以较低的加速度进入行星的大气层。(4) 空天飞行器可以高效地穿行于各种星体的大气层，包括火星、金星、土卫六。当然，最主要的因素是空天飞行器的可重复使用性，这必将使其成为未来的太空运输工具。

让我们首先了解几个最基本的概念。太空飞行都涉及什么？要理解这个复杂的问题，需要聪明的读者精确理解“太空”与“飞行”的含义。进入太空并不必然意味着进入轨道。实际上，进入近地轨道所需的能量大约是到达太空高度（即海拔 100 km 以上）所需能量的 30 倍。地球轨道的高度约为 160 km，而一个相对地球静止的物体即使距离地球 1.6×10^6 km 远，也仍可落向地面。除非，月球恰好介入它的下落过程，才会使它先落到月球上。X-15 与“太空飞船一号”无法留在太空的原因不是它们飞行得不够远，而是不够快。现在回到“太空

（space）”这个主题。

“space”这个词的本义是“空间”。《美国传统英语大辞典》将“space”一词定义为“room（空间）”，而它的印欧语字根“rewe”也表示“打开”。确实，太空打开了各种新的可能，拓宽了思维，扩展了人类活动的范围。它给了我们成长的空间，为新技术提供了更先进的能力，也打开了通向未来的大门。

“flight”有三个不同的含义：（1）飞离地面；（2）快速地流走或跑开；（3）飘浮。这些含义也都适用于以下类似的单词：fly，flew，flown，fowl，flutter，flee，fleet，flow，flood，float。最后一个词是指在流动的媒介（如水或空气）中浮动。船与气球就是根据相同的原理保持飘浮状态。当然，太空飞行就是在太空中飘浮。这些单词都可回溯到同一个印欧语系的词根。“river”这个词，表示“流动的水”，其在多种日耳曼语言中也来自同一个词根，如它在瑞典语中是“flod”，在德语中是“fluss”。水是由氢与氧组成的，它们都是已知的最好的火箭推进剂。基于这一简单的语源，“太空飞行（spaceflight）”就可以展现下列画面：飞离地球表面。物体附近的气流上升，快速进入辽阔的空域，产生被重力束缚的感觉，发动机中大量充入推进剂并快速喷射出气流，最后，在太空中飘浮。至少从语源学上看，空天飞行器就特别适合太空飞行。

在我们进入本书的主体章节之前，您还应该熟悉一些其他术语。

飞行器（aircraft）——任何用于空中飞行的工具，包括气球、飞艇、滑翔器、飞机、直升机、火箭飞机。

飞机（airplane）——根据空气动力学原理飞行的固定翼飞行器。

弹道导弹（ballistic missile）——以火箭为动力，外形符合空气动力学，用于抛射其他物体的圆柱状物体。它的射程不定，可能进入太空，也可能不进入太空。

火箭（rocket）——用于太空飞行的弹道导弹。它也可以指火箭发动机，如“火箭推进器”①。

火箭发动机（rocket engine）——为火箭、发射器或太空飞船提供推进动力

---

① 译者注：原文中弹道导弹（ballistic missile），火箭（rocket）与我们传统的定义有区别。

的器件。使用固体推进剂的火箭也被称作“火箭发动机”。

火箭飞机（rocket plane）——使用火箭发动机的飞机。它可能具有进入太空的能力，也可能不具有此种能力。

火箭飞船（rocketship）——以火箭推动的宇宙飞船。这一术语通常用于描述无需单独发射器的宇宙飞船。它们不是模块化的，而是完全自成体系的，带有引人注目的巨大侧翼，用于在其他行星上降落时平衡自身。

航天器（spacecraft）——在宇宙中运行的任何运载工具，包括人造卫星、行星探测器、太空站、宇宙飞船、空天飞行器。航天器向来依靠发射器才能进入太空。

太空运载器（space launch vehicle）——用于发射航天器的火箭。它通常由两段或更多的推进器组成，当其中的燃料使用完毕后就会被抛落。

空天飞行器（spaceplane）——在太空中飞行的飞机，或带固定翼的航天器。

宇宙飞船（spaceship）——由人操控的太空运载设备，特别用于运送人员或物资。

航天飞机（space shuttle）——来回穿梭的宇宙飞船，尤其指在行星与太空站之间，或是行星与月球之间穿梭。它可能有翼，也可能没有翼。

空间站（space station）——由人操控的大型航天器，通常驻留在行星附近。

据称，由美国国家航空航天局运营的航天飞机不是真正的空天飞行器。实际上，航天飞机是没有完全发展好的空天飞行器，但它们无疑是真正的空天飞行器。例如，X-15 与“太空飞船一号”都是真正的空天飞行器。它们是在探索建造真正的空天飞行器的过程中迈出的第一步，虽然还很不成熟。

本书主要讨论有翼的宇航器。然而，读者不应太过拘泥于“有翼的”这一术语，因为空天飞行器的最终外形还没有确定下来。它很可能成为“无翼的”可升空物体，也可能是有翼的。另外，“燃料”这个术语可能指实际使用的火箭燃料，也可能指火箭在太空中使用的氧化剂。结合上下文应当明确，有时“燃料”表示“推进剂”，但我们也使用一些文学化的词来增加阅读的乐趣。

致谢辞

谨在此向下列各位表示衷心的感谢。

Bristol Spaceplanes 的戴维·阿什福特，感谢他慷慨地允许我引用他的著作《宇航的革命》以及他的设计插图，并与我分享有关的技术信息。

Reaction Engines 公司的阿伦·邦德，感谢他提供了“云霄塔”号空天飞行器及其先进的推进系统的精美图片与技术信息。

我的叔叔弗莱彻·曼雷，他帮助我将本书的所有图片从 JPEG 格式转换成 TIFF 格式，并将之提供给出版商。

Aerospace Research Systems 公司的帕米拉·孟吉斯博士，他提供了 Ramstar 轨道空天飞行器的技术参数与图片。

美国国家航空航天局，感谢它向本书提供大量的精美照片，并提供了它及其前身美国国家航空咨询委员会多年来负责的众多项目的权威性历史信息与技术信息。

瓦西里·佩特罗维奇，感谢他提供了其网站中有关“暴风雪”号、BOR 号以及“螺线”号等空天飞行器的图片。

维迪亚·拉贾科蒂，感谢他对本书的终稿按时进行专业审阅。

毛里·所罗门，还有图尔帕纳·莫里纳，这两位 Springer 出版社的编辑一直激励着我进行写作，并提供了重要的帮助。

Spacefleet 公司的雷蒙德·莱特博士，感谢他的帮助，他提供了 SF-01 空天飞行器的图片与相关信息。

致读者[①]

本书的英文原版主要面向欧美以及世界各地的读者们。因为大西洋两岸的人们在其航天工业中使用不同的工程单位，而这两套数据在本书的英文原版中都有涉及，选用哪一套度量衡系统是由具体事例来决定的。虽然原书在讨论“阿波罗号”时使用英制单位，而在讨论“联盟号”或“阿里亚娜号”时使用公制单位，但是为了我国读者阅读方便，我们在翻译过程中也将大部分单位进行了换算，但仍有一小部分保留了原来的单位。在阅读本书之前，读者最好熟悉一下航天领域的一些基本数值。下面的表格用英制单位与国际公制单位列举了部分数值。

轻型飞机高度	10 000 ft[②]	3 km
客机高度	50 000 ft	15 km
太空高度	330 000 ft	100 km
绕地轨道速度	17 500 mph（5 mile[③]/s）	8 km/s
逃逸速度	25 000 mph（7 mile/s）	11 km/s
近地轨道	100~500 mile	200~800 km
地月距离	238 000 mile	383 000 km
日地距离	93 000 000 mile	150 000 000 km
太阳到火星的距离	142 000 000 mile	229 000 000 km
地球到火星的距离	370 000 000 mile*	600 000 000 km
银河系直径	100 000 光年	30 000 秒差距

*假设按赫曼转移轨道行进，航天器在途中将绕着太阳运行。

① 译者注：对于本部分内容，我们在原文的基础上编译时，考虑到国内读者的阅读习惯，并未逐字逐句翻译。

② 1 ft（英尺）= 0.304 8 m（米）

③ 1 mile（英里）= 1 609.344 m（米）

经验告诉我们，最好能记住一些“简单易记”的数值。一个精通宇航知识的人应该知道，太空的正式起算高度是 100 km，近地轨道集中在海拔 300 km 的高度，银河系的直径是 100 000 光年（约为地球直径的 740 000 亿倍！）。还要记住光速是 300 000 km/s，光年是指光在地球公转一圈的时间里所能行进的距离。这个距离大约是 9 600 亿 km。还必须记住，逃逸速度与绕地轨道速度之间的差距比绕地轨道速度本身要小很多，如果宇航器是在太阳系里或地球与月亮之间飞行的话，而进入行星大气的速度也与逃逸速度基本相同。

当数值被读出来时（就像前面看到的例子），则须按照标准的美式方法，即以 1 000 为因数，依次为千、百万、十亿、万亿、千万亿、百万万亿，等等。

因为千克是质量的单位，磅是重量的单位，本书将分别以不同的度量衡系统来描述，以免产生歧义。在各自不同的系统中，其重量与质量的单位分别是牛顿与斯勒格，而它们在日常情况下很少出现。

目 录

1

第一章　机场上的火箭飞机

火箭飞机的出现远远早于我们普通人所知道的时间。德国在20世纪20年代就发射了火箭滑翔机，20世纪30年代就出现了有翼的航空炸弹。第二次世界大战期间就出现了火箭飞机与有翼的火箭，而20世纪40年代晚期至20世纪70年代中期则有大量用于火箭研究的飞行器。20世纪60年代至70年代，以火箭为动力的发射器收集到了大量的航空数据。所有这些努力都直接促成了美国的太空穿梭机，它从1981年起共进入近地轨道120多次，每次都能像真正的空天飞行器一样降落在跑道上。作为最近的空天飞行器实型，"宇宙飞船一号"在2004年完成了数次亚轨道飞行任务，并飞越了100 km的太空起算高度。使用有翼的飞行器进入太空这一想法仍未停止。尽管此类飞行器发生过灾难性事故，但这一想法仍有其道理。

发展空天飞行器的历史可以回溯到20世纪早期，并与飞机的发展历史重叠。至少从20世纪30年代起，就有梦想家预见飞机可以被改造成进入太空的飞行器。相反，火箭工程师当时全力研制无翼的导弹，希望按一定的弹道将其送入太空。我们将在后面的内容里谈到与此有关的内容。然而，热衷于空天飞行器概念的人们从一开始就认识到，将某种火箭发动机与有翼的飞行器结合，可创造出一种用于太空飞行的远程运载工具。这一概念曾以多种形式存在，反映出其初期的设计思路。一种思路是将火箭发动机与高度流线体的飞机相结合，正如X系列的研究用飞机那样，试验其能飞得多高和多快。还有一种思路是垂直发射一枚能滑翔返回地球的弹道飞行器，最初沿用这一思路的是V-2火箭，之后它常被美国的航天飞机应用。这两种思路都取得了某种程度上的成功，但有关何种思路更好的争论一直延续至今。为了彻底了解空天飞行器及其前身——火箭飞机，让我们先从第一架有动力装置的飞机谈起。

一、莱特飞行者一号

1903 年 12 月 17 日，上午 10 时 35 分，第一次有动力装置且比空气重的受控载人飞行在美国北卡罗来纳州的小鹰镇举行。这架飞行器沿着 18 m 长的导轨滑行后飞上天空，摇摇晃晃地飞行了 36 m，仅仅 12 s 后就落回了地面。“莱特飞行者一号”的对地速度达到了 3 m/s，即 10. 8 km/h。以今天的标准来看，莱特兄弟的这一壮举是如此的可笑和简陋。然而，他们在航空史上留下了浓重的一笔。在这此次有动力装置飞行之前，他们已经完成了大约 1 000 次滑翔，因此，他们成了经验丰富的飞行员。当时，还没有发动机为他们的飞行器提供动力，因此，他们只有自己动手制造。这成了一个重要的事实，即航空领域的每一次进步都伴随着动力装置的进步。那天上午，“莱特飞行者一号”又进行了 3 次飞行，最后一次飞行了 560 m，时长约 59 s，如图 1. 1 所示。

图 1. 1　1903 年 12 月 17 日，在北卡罗来纳州小鹰镇，
奥维尔 · 莱特进行了人类历史上第一次有动力且比空气重的受控飞行
（图片由美国国家航空航天局提供）

工程学的发展总是存在不连续性，正如地质学家在古老岩层里的发现那样，这种不连续性既说明化石记录中有断代，也说明技术发生了飞跃。用发动机代替马匹就是一种不连续性，从飞艇发展到飞机是另一种不连续性。还有一种不连续性则是从往复式发动机到涡轮式发动机。当莱特兄弟将传动链的推进器与一部12马力的发动机安装到“莱特飞行者一号”上时，他们就实现了一次飞跃，就此勇往直前了。

在首次飞行之后，紧接着就是对最初的飞机设计进行改进。不久，莱特兄弟就能自信地绕着机场飞行了。他们使用一套特别的机翼扭曲装置控制飞行，而不是使用副翼和升降舵。之后，星形发动机的发明与装有多台发动机的飞机的成功研制，使得飞机的动力与航程得到提升。在第一次世界大战中，飞机被首次用于作战，并发生了第一场战机空中格斗。

“莱特·阿帕奇号”如图1.2所示。

图1.2　1928年，全副武装的飞行员正准备驾驶“莱特·阿帕奇号”进入高空，机上的18缸星形发动机是对“莱特飞行器”的重大改进

（图片由美国国家航空航天局提供）

二、火箭研究者

在20世纪早期，当飞机的研究取得缓慢而持续的进步时，还有一些人在另

图 1.3 火箭研究先驱者赫尔曼·奥伯特（1894—1989），他看到了人类登月和空天飞行器返回地球
（图片由美国国家航空航天局提供）

辟蹊径，他们希望通过火箭来探索飞行。其中，最著名的人物有：俄罗斯的教师康斯坦丁·厄杜尔多维奇·齐奥尔科夫斯基、德国的天才赫尔曼·奥伯特、美国的物理学家罗伯特·哈金斯·戈达德。在早期，这三位研究者分别代表着这三个国家，它们在那个航空史大发展的世纪中扮演了至关重要的角色，如图 1.3、图 1.4 所示。

齐奥尔科夫斯基首先发表著作，提出液体推进剂在未来宇宙飞船发展中的重要作用。1895 年，他发现与使用固体推进剂不同的是：使用液体推进剂的火箭发动机是可控的，可以调节流量、关闭、再启动。这将为完成宇宙范围内的飞行提供了极大的灵活性。液体燃料（如氢）的分子很轻，可以为宇宙飞

图 1.4 1924 年，罗伯特·哈金斯·戈达德（1882—1945）在马萨诸塞州伍斯特市的克拉克大学工作；1919 年，史密森出版社出版了他的论文《达到最高空的一种方法》
（图片由美国国家航空航天局提供）

船提供其所需的冲量。奥伯特的贡献是在1929年发表了《太空旅行之路》，该文是对其1923年的著作《进入太阳系空间的火箭》的重大改进。美国人罗伯特·哈金斯·戈达德首先将有关液体发动机火箭的理论应用于飞行器，1926年3月16日，马萨诸塞州奥伯恩市附近，在他的埃菲阿姨的农场上，戈达德发射了第一枚使用液体燃料的火箭。它看起来不太像火箭（图1.5），但它充分验证了火箭的原理，升空达12.5 m，2.5 s后坠落地面，其速度最高达到103 km/h。

图1.5 1926年3月16日，罗伯特·哈金斯·戈达德与第一枚被成功发射的液体燃料火箭，该火箭使用汽油与液氧作为燃料
（图片由美国国家航空航天局提供）

三、银鸟

到了20世纪30年代，有关空天飞行器的种种设想总在那些前卫的梦想家们头顶上盘旋。“银鸟”概念就是其中之一，它是由奥地利工程师尤金·桑格尔提

出的。桑格尔致力于设计一种可以飞往太空的真正的“火箭飞机”，而不是像他那个时代传统的火箭研究者们所设想的——垂直发射火箭并使其按弹道进入太空。他可能第一个认识到：一架载人的宇宙飞船必须是飞往目的地，而不是被抛向它的目的地。从这个角度看，他的概念远远领先于其所处的时代。1933 年，他出版了一本书，通常它被误译为《火箭飞行工程学》，但更准确的翻译应该是《火箭飞机工程学》。

“银鸟”的起飞质量的要求比简单的火箭设计要高，因为增加了结构牢固的机翼与降落装置。桑格尔立刻发现这会产生额外的起飞质量，他开始着手解决有关的问题。“银鸟”将从辅助滑轨上起飞，而不是在普通机场上起飞。这需要一副单独的火箭橇来提供初期的动量，同时减少额外的质量。然后，飞行员将驾驶“银鸟”升空，并在空间的边际获得最大的速度。按照这一想法，“银鸟”之后经过一连串过山车式的跳跃滑翔，在大气层上部进进出出后，才到达最终的目的地。“银鸟”的机翼将使其获得更远的航程，尽管它们会比简单的弹道飞行设计增加起飞质量。据称，这种飞行器可以飞抵地球的另一端，并在航经途中的任何地方扔下炸弹，因此，它获得了“对径远程轰炸机”的威名。

在第二次世界大战晚期，桑格尔与他后来的妻子，数学家艾琳·布莱特一起致力于“银鸟”的设计，尽管没有一件可飞行的实物被制造出来。这对空天飞行器的发展来说是一个悲剧，而对“银鸟”设想的攻击目标——纽约而言，却是一件好事。

四、德国火箭滑翔机

1928 年 6 月 11 日，第一架由火箭发动机推进的飞机在德国勒恩山脉的著名滑翔场水峰实现升空。弗里兹·斯坦默成为人类历史上第一位火箭飞机的飞行员，他先后点燃了两台以黑火药为推进剂的固体火箭发动机。“鸭子号”火箭滑翔机从这座 950 m 高的山上被弹射升空，再由飞行员打开电子开关，启动了火箭发动机。这期间共进行了两次飞行，第 1 次是依次启动火箭发动机，飞机飞行了至少 1. 2 km；第 2 次是同时启动了两台火箭发动机，结果造成了爆炸，机翼也起火了。试飞员斯坦默在 20 m 的高度成功地使飞机降落到地面，并安全逃出飞机，但这架火箭飞机最终完全被毁。

一年多以后，1929 年 9 月 30 日，弗里兹·冯·欧佩尔在梅茵河畔的法兰克福，面对众多观众驾驶一架特制的火箭滑翔机升空。这架滑翔机由 16 台固体燃料火箭发动机驱动。他飞行了 1.5 km，但是硬着陆使滑翔机受损，此次飞行再次证明了火箭发动机可以推动固定翼飞机。

1939 年 7 月 20 日，首架使用液体燃料火箭作为动力的飞机在佩纳明德火箭试验场升空。亨克尔 He 176 型火箭飞机使用的是以稀释的过氧化氢与肼为燃料的 Walter 火箭发动机，驾驶员是埃里希·沃尔西兹。在此之前，以固体燃料火箭为推进器的飞行器已经进行了无数次地面及空中的试验。但是，它们都无法对燃料进行燃烧控制。He 176 飞机的主体为木制，空载时质量为 900 kg，满载时质量为 1 620 kg，机长为 5.2 m，翼展为 5 m，机高为 1.5 m，续航时间只有 50 s。

司空见惯的是，战争会加快新技术的发展，第二次世界大战也不例外。在德国就诞生了人类历史上第一架用于实战的火箭飞机——梅塞施密特 Me 163 型“彗星”飞机（图 1.6）。正如它的前身 He 176 型飞机一样，Me 163 型飞机的 Walter 火箭发动机也使用液体燃料。1941 年，Me 163 型飞机创造了当时的飞行速度世界纪录——1 004.5 km/h。“彗星”在后来的地空导弹研发方面起了重要作用。它依靠地面上一辆带轮子的滑车起飞，大角度升入高空后再平飞，并做好对美英轰炸机群实施高速攻击的准备。它在 8 min 内就会耗尽所有燃料而变成一架滑翔机，这时，驾驶员只有设定好正确的滑翔路线，找到他的起飞机场，并依靠一副尾轮和刹车装置实现着陆。作为战斗机，Me 163 型飞机的飞行员死亡人数恐怕比它消灭的敌人还多，特别是在它着陆时。但作为火箭飞机，它在历史上拥有了一席之地。它是第一架用于实战的火箭飞机，于 1944 年为德国空军服役。尽管之前也有一些试验机型上装有火箭发动机，但这是第一架为常规作战而设计的火箭飞机。

图 1.6　世界上第一架用于实战的火箭飞机
——德国空军的梅塞施密特 Me 163 型“彗星”飞机
（图片由美国空军提供）

五、美国的火箭飞机

为适应更加强大的喷气发动机，新的机型设计不断发展，火箭飞机在第二次世界大战之后进入发展的黄金期。美国的火箭飞机研究中心位于加利福尼亚州的爱德华空军基地。与亚声速的德国火箭滑翔机不同，新型的美国火箭飞机主要用于超声速高空飞行的研究。它们的目标是试验航空学中的速度与高度的极限，同时试验在整个飞行过程中的操控特点。

1. 贝尔 X-1 型飞机（1946—1958）

这是第一架突破了声障的火箭飞机。1947 年 10 月 14 日，美国空军上校查克·耶格尔驾驶着贝尔 XS-1 型飞机（图 1.7）创造了这一壮举。他驾驶的这架火箭飞机随他的妻子的名字而获得“迷人的格莱尼斯”的绰号，飞机的外形像一发 1.27 cm 口径的机枪子弹，机翼又短又粗（图 1.8）。

X-1 项目由美国国家航空咨询委员会与美国空军联合实施。试验用的 XS-1 型超声速飞机使用乙醇与液氧作为燃料，它的 4 缸 XLR-11 火箭发动机可以提供

图 1.7　1947 年，飞行中的贝尔 X-1 型飞机，注意以超声速喷出的气流造成的钻石形激波
（图片由美国国家航空航天局提供）

图 1.8　查克 · 耶格尔与他的“迷人的格莱尼斯”
——贝尔 X-1 型火箭飞机，该机于 1947 年 10 月 14 日“突破声障”
（图片由美国空军提供）

26.7 kN 的推力（海平面静止状态下），但是它无法自己起飞，因为这会消耗宝贵的燃料。一架经过改装的 B-29 型轰炸机（图 1.9）将这架小型火箭飞机挂在机翼下，在 6 400 m 的高空将其释放，让它启动发动机并创造了突破声障的历史。其他飞机在高速俯冲时也已经超过声速，但 X-1 是第一架在平飞时超过声速的飞机。20 世纪 40 年代中期至 50 年代后期，该火箭飞机经过 5 次改进后，直到 X-1E 型，共进行了 238 次试验飞行。

图 1.9　贝尔 X-1 型“子机”与 B-29 型“载机”（绰号“丰产的长春花”）
（图片由美国国家航空航天局提供）

2. 道格拉斯“流星焰火”（1948—1956）

道格拉斯 D-558-2 型飞机之所以出名，是因为它是第一架达到 2 倍声速的飞机。这架绰号“流星焰火”的飞机（图 1.10）由美国国家航空咨询委员会与美国海军联合资助制造，它与 X-1 型机项目之间竞争激烈，看谁能先达到 2 倍声速，后者由美国国家航空咨询委员会与美国空军联合资助。为了实现这一目标，飞行员与工程师们都全力以赴。为了使“流星焰火”首先达到这一目标，他们加装了喷管延长段，给机翼打蜡，还将乙醇燃料冷却以提高其密度。1953 年 11 月 20 日，美国国家航空咨询委员会的试飞员斯科特·科罗斯菲尔德实现了这一目标，这距离查克·耶格尔驾驶 X-1 型机突破声障已过去 6 年多的时间。该机达到 2 倍声速时，其飞行高度达到 21 600 m。

道格拉斯“流星焰火”使用了与 X-1 型机一样的发动机，海军称其为 XLR-8 发动机。但是，它的机翼后掠 35°，而 X-1 型机是平直机翼。它的机翼面积为 16.26 m^2，而 X-1 型机的机翼面积为 12.08 m^2。美国海军制造了 3 架“流星焰火”，8 年试验期间共飞行 313 次。“流星焰火”使用的发动机既有喷气式，也有火箭式。第 1 架“流星焰火”起初安装的是推力为 13.2 kN 的喷气发动机，携带 1 170 L 的航空汽油。之后，该机换用推力为 26.5 kN 的火箭发动机。第 2 架“流星焰火”只使用了火箭发动机。第 3 架“流星焰火”则同时使用喷气发动机与火箭发动机。火箭发动机的燃料是液氧与稀释的乙醇。第 3 架“流星焰火”共飞行了 87 次，它可携带 1 170 L 航空汽油、814 L 液氧和 872 L 火箭发动机燃料。

图 1. 10　1956 年，1 架道格拉斯 D-558-2 型机“流星焰火”从 P2B-1 型载机（美国空军 B-29 型机“超级堡垒”的海军型）上被投放，尽管不是 1 架 X 系列飞机，但它对航空学研究的贡献颇大
（图片由美国国家航空航天局提供）

3. 贝尔 X-2“追星人”（1952—1956）

X-1 型机达到 2 倍声速后，其执行声速与超声速研究任务告一段落。X 2 型机的目标就是研究 3 倍声速以上的领域，该项目是贝尔飞机公司、美国空军、美国国家航空咨询委员会的联合项目。这个项目事故不断，最终造成 3 人丧生。贝尔公司制造了两架后掠翼飞机，每架都安装有 1 部寇蒂斯-莱特 XLR-25 可调节液体燃料火箭发动机，每台发动机有两个推进缸，分别是 22. 1 kN 推力与 44. 2 kN 推力。因此，X-2 型机可任意产生 11 ~ 66. 2 kN 之间的推力。它还安装有 1 个鼻状的逃生舱，逃生舱被抛出时带有一个起稳定作用的降落伞。飞行员可以在到达安全高度时跳伞逃生。1 架 B-50A 型载机可以在 9 000 m 高度将 X-2 型机释放，如图 1. 11 所示。

1953 年，在安大略湖上空进行了一次“载机携带子机”的飞行试验，以检验液氧系统，飞行期间发生爆炸，导致 X-2 型机的飞行员简 · L · 齐格勒与 B-50 的机组成员弗兰克 · 沃尔科身亡，这架 X-2 型机也坠入安大略湖，再也没有

图 1.11　1955 年，贝尔 X-2 型机从 B-50 型载机被释放后启动火箭发动机
（图片由美国国家航空航天局提供）

被打捞出来。这是这个多灾多难的项目首次造成人员伤亡，但美国空军还有 1 架 X-2 型机。

1956 年 9 月 7 日，美国空军上校伊文·C·金奇洛驾驶第 2 架 X-2 型机达到 37 860 m 的高空，创纪录地成为“第一个到达太空的人”。仅仅数周之前，美国国家航空咨询委员会曾要求使用 X-2 型机，而美国空军想再来一次飞行以尝试达到 3 倍声速。

1956 年 9 月 27 日，美国空军上校米尔伯恩·G·阿普特驾驶该机在 19 650 m 的高空达到了创纪录的速度 3 369 km/h，即 3. 2 倍声速。尽管被警告不得在 2. 7 倍声速以上时做出突然变向动作，他还是在超过 3 倍声速的情况下急速转向返回爱德华空军基地，这导致飞机失控，发生了惯性旋转。飞机翻滚着失去控制，他和这架唯一的 X-2 型机都没能幸免于难。阿普特上校确实成功地将逃生舱弹射出来，但逃生舱在他跳伞之前就坠落到沙漠上。

表 1. 1 列出了最初的 3 架美国火箭飞机。X-1B 型机未被列入表中，该型机进行了 27 次飞行，它的外部尺寸和性能都与 X-1A 型机非常相近。X-1C 型机还

在模型阶段就被取消制造了。X-1D 型机因其在第 2 次飞行时发生了一次小规模爆炸而被毁坏，随后它被从 B-50 型载机上抛落，如图 1.12、图 1.13 所示。

表 1.1　早期的美国火箭飞机

型号	机长 /m	翼展 /m	空载质量 /kg	飞行架次	最大速度 /(km·h^{-1})	最大马赫数	最大高度 /m
贝尔 XS-1	9.3	8.7	3 053	157	1 531	1.4	21 571
贝尔 X-1A	10.8	8.4	3 096	26	2 640	2.4	27 132
贝尔 X-1E	9.7	6.9	3 083	26	2 354	2.2	21 915
D-558-2	12.8	7.5	4 239	313	2 000	2.0	24 971
贝尔 X-2	11.5	9.7	5 569	20	3 350	3.2	37 860

图 1.12　1955 年，“牛仔”乔·沃克尔登上他的 X-1A 型飞机
（图片由美国国家航空航天局提供）

图 1.13　1955 年，贝尔 X-1E 型机正被装载到坡道上的 B-29 型载机上
（图片由美国国家航空航天局提供）

六、美国国家航空航天局的飞行器

从 1963 年至 1975 年，美国国家航空航天局与美国空军联合实施了一个项目，在加利福尼亚州的爱德华空军基地对多种无翼的“飞行器”（lifting bodies）进行了一系列的飞行试验（图 1.14）。这个飞行器项目旨在验证一个概念：无翼的飞行器可从太空返回并像飞机一样精确地降落。项目总共试验了 6 种不同的飞行器：M2-F1、MR-F2、M2-F3、HL-10、X-24A 和 X-24B（表 1.2）。飞行器有的是平顶圆底，有的是圆顶圆底，还有的是平底圆顶，它们的形状从“浴缸”到“熨斗”，五花八门。它们还试验了气泡式与平直式的不同形状座舱顶篷，以及不同数量的垂直尾翼。字母“M”代表有人驾驶，“F”代表飞行，“HL”代表水平降落，“X”代表试验。最初，这一飞行器概念只是对导弹的头锥体形状进行改动，但这种想法被完全改变，小机翼与垂直尾翼都被加装以实现飞行控制。这些飞行器都能被控制并像飞机一样降落，这一点令人非常惊奇。

图 1.14 1970 年左右，停在湖床上的飞行器（自左向右依次为 X-24A、M2-F3、HL-10）
（图片由美国国家航空航天局提供）

表 1.2 飞行器之间的比较

型号	机长/m	翼展/m	空载质量/kg	飞行架次	时间
M2-F1	6.1	4.3	454	77	1963—1966
M2-F2	6.8	2.9	2 096	16	1966—1967
M2-F3	6.8	2.9	2 300	27	1970—1972

续表

型号	机长/m	翼展/m	空载质量/kg	飞行架次	时间
HL-10	6.5	4.1	2 397	37	1966—1970
X-24A	7.5	3.5	2 885	28	1969—1971
X-24B	11.4	6.0	3 856	36	1973—1975

这一项目的首个飞行器 M2-F1 是无动力的轻型滑翔机，绰号“飞行浴缸”，1963 年在德莱顿飞行研究中心用钢管和多层夹板制成。它被 1 辆庞蒂亚克牌敞篷车以 192 km/h 的速度在湖床上进行了 400 多次拖行试验。这些试验性的拖行为项目进行下去提供了依据。1 架美国国家航空航天局的“信天翁”型飞机（美国海军该型机的型号是 R4D，美国空军该型机的型号则是 C-47，民航机型则是 DC-3）拖着“飞行浴缸”轻型滑翔机升到 3 600 m 高空，再将它释放，让其滑翔后着陆。这样的试验共进行了 77 次。结果以极低的成本，M2-F1 就证明了这个飞行器概念是可行的，研究项目获准继续。

图 1.15 中的 M2-F2 比 M2-F1 重了许多。与贝尔 X-1 型机（以及之后的飞行器）一样，它使用 1 台 XLR-11 火箭发动机作为动力。该机由诺·普公司制造，并与 X-15 项目一样，从 B-52 型机上进行一系列投放及滑翔飞行试验。

M2-F2 只有 2 个垂直尾翼，因此侧向有点不稳定，它很难被操控。1967 年 5 月 10 日，在第 16 次滑翔试验中，飞行员布鲁斯·彼得森驾机撞到干涸的湖床上，受伤很严重。这次撞击的记录镜头被用于 20 世纪 70 年代中期的电视连续剧《六百万先生》的片头。这次撞击之后，人们在该飞行器上的 2 个垂直尾翼之间安装了第 3 个垂直尾翼，并将之定型为 M2-F3（图 1.14~图 1.16）。

图 1.15　1966 年，M2-F2 飞行器与 F-104 型“星际战机”一同降落
（图片由美国国家航空航天局提供）

图 1.16　1971 年，M2-F3 从 B-52 型载机上被投放并飞行
（图片由美国国家航空航天局提供）

第 3 个垂直尾翼极大地提高了 M2-F3 的可控性，它在 1970 年至 1972 年期间，共进行了 27 次无动力和有动力的飞行试验，并使用火箭发动机，使其最大飞行马赫数达到 1.6，最大飞行高度达到 21 450 m。M2-F3 还装有 1 套类似火箭推进器的反作用力喷气控制系统。

HL-10（图 1.17）是这些飞行器中飞得最高和最快的。1969 年 5 月，它在这些飞行器中首先突破声速。1966 年 12 月至 1970 年 7 月，它共进行了 37 次飞

图 1.17　试飞员比尔 · 达纳与停在湖床上的 HL-10，上空 1 架 B-52 型机正飞过。HL-10 是这些飞行器中飞得最快和最高的，也被认为是 3 种重型飞行器 M2-F2/F3、HL-10、X-24A 中最容易操控的（注意比较本图与图 1.1）
（图片由美国国家航空航天局提供）

行试验，其中在 1970 年 2 月，它的飞行马赫数达到了 1.86，飞行高度达到了 27 091 m。HL-10 有 1 个高耸的中部尾翼和一个平直的驾驶舱。它的机身底部呈纵向圆形，机身顶部则横向弯曲。

图 1.18 中的 X-24A 是美国空军逐渐对这些飞行器产生兴趣后的结果。它由马丁飞机公司制造，有 3 个尾翼和 1 个水泡状驾驶舱顶篷，比诺·普公司的飞行器略大些。经过 28 次飞行后，它被还给马丁公司，并被改造成一只“会飞的熨斗”——有着扁平的、双三角形拼成的底部和弯曲的顶部。改造后的飞行器被定型为 X-24B（图 1.19），它又进行了 36 次飞行。

图 1.18 1970 年，X-24A 从 B-52 型载机上被投放并进行自主飞行

（图片由美国国家航空航天局提供）

图 1.19 未来空天飞行器的外形；

1973 年，这架 X-24B“会飞的熨斗”停在加利福尼亚州爱德华空军基地的湖床上

（图片由美国国家航空航天局提供）

在12年的时间里，美国国家航空航天局的这些飞行器共进行了221次飞行试验，这还不包括M2-F1在庞蒂亚克敞篷车的牵引下的试验以及在罗杰斯干湖上进行的400多次飞行试验。

七、如今的火箭飞机

使用火箭发动机的飞机最近纷纷卷土重来，包括XCOR宇航公司的EZ-Rocket和X-Racer，还有火箭竞赛联盟。这些最新的火箭飞机都是由鲁坦设计的Vari-EZ型飞机改造而来，只是将活塞式发动机换成了液体燃料火箭发动机。

1. XCOR公司的EZ-Rocket

EZ-Rocket是最新型的火箭飞机之一。它由位于加利福尼亚州莫哈韦的XCOR宇航公司的一个小组研制，由鲁坦设计的Long-EZ型飞机改造而成。2001年7月21日，试飞员迪克·鲁坦首次试飞该机。这架火箭飞机使用以异丙醇与液氧为燃料的挤压式发动机，发动机涂有凯芙拉纤维，高压混合燃料箱挂在机腹下。氧化剂储存在飞机内部的一个绝缘铝罐内。两个可重启的1 779 kN推力发动机为该飞机提供动力，燃料室压强可达到2 403 kPa，提供冲量的时间为250~270 s，比贝尔X-1型火箭和水星飞船的红石火箭都要强。经过20 s、495 m的助跑后，装满燃料的EZ-Rocket升空，之后它可以飞行16 km，或以30 m/s的速度爬升。因为螺旋桨推进器被拆除并换成了火箭发动机，EZ-Rocket比它的原型Long-EZ更符合空气动力学的要求，滑翔的距离也更远。2005年12月3日，迪克·鲁坦创造了EZ-Rocket的野外滑翔世界纪录，从莫哈韦航天中心到加利福尼亚州加利福尼亚城，在不到10 min的时间里飞行了16 km。这是地面发射火箭飞机的新世界纪录。（请大家记住，美国国家航空咨询委员会的火箭飞机以及美国国家航空航天局的飞行器都是在空中发射的。）

EZ-Rocket的发动机可以燃烧2.5 min，最大爬升速度为74.6 m/s，最大平飞速度为100.3 m/s。最大速度是由机身所承受的压力决定的，而不是由发动机的性能决定的。以74.6 m/s的速度爬升是它的最好性能，更快的爬升速度将对机身产生更大的阻力。EZ-Rocket的最大飞行高度为3 450 m。在四年半的试验时间里，EZ-Rocket 执行了 26 次飞行，包括 2002 年在奥什科什的 2 次，还有 2005 年在新墨西哥州拉斯克鲁塞斯的 3 次，包括滑翔时段，这些飞行的持续时间都达到了 10 min。

EZ-Rocket 火箭飞机实现了火箭航空领域的诸多“第一”。除了前面提到的飞行距离世界纪录，它还是第一架地面发射的火箭飞机，同时验证了它的火箭发动机可以在飞行中重启；它是第一架完成触地复飞的；它是第一架来到莫哈韦航天中心的，当时是 2005 年 12 月 15 日，它从加利福尼亚城返回并执行了最后一次飞行任务。EZ-Rocket 有一个 5 人地面小组，每次飞行的成本仅为 900 美元。这一费用的大部分被用于燃料加压系统，因为它使用氦气。这一成本还将下降，因为 XCOR 公司将在未来的火箭飞机里安装其内部研发的活塞泵，如 X-Racer（图 1.20）。

图 1.20　一队参赛的火箭飞机正飞越群山
（图片由 Rocket Racing League 提供）

2. XCOR 公司的 X-Racer

从 EZ-Rocket 再向前发展，自然就产生了更先进的 X-Racer。它是 XCOR 宇航公司为火箭竞赛联盟研制的。X-Racer 是在 Long-EZ 型飞机的基础上改造而来的，有一台液体燃料发动机 XR-4K14，以煤油和液氧为燃料，燃料由 XCOR 公司自行研制的泵输送到推进器燃料室内。这就取代了 EZ-Rocket 机腹上的昂贵的氦气加压燃料罐。X-Racer 将未加压的煤油储存在机身两侧的油箱里。沉重的液氧储存在飞行员身后、靠近机身重心的绝缘罐内。X-Racer 装有 1 台 6 672 kN 推力的火箭发动机，而不是 2 台 1 779 kN 推力的发动机，而且这台发动机在飞行中关闭后，可再以电子点火方式重启无数次。该机的最大速度是 368 km/h，这由机身而非发动机决定。X-Racer 的有动力飞行时间总长可达 3.5 min，无动力滑翔时间约为 15 min。这使得 X-Racer 可以在火箭竞赛中的立体空中赛道上完成 8~9 圈的飞行。补充煤油与液氧的时间为 5~10 min，之后 X-Racer 很快就又能投入比赛。

X-Racer 与类似的火箭飞机将参加火箭竞赛联盟举办的常规赛事(图 1.21)。这些赛事将把火箭技术的激动人心之处与比赛的惊险刺激融为一体。火箭竞赛联盟是太空狂热者与竞技专家们的共同乐园。它的创立人是 X 奖项的设立者彼得·迪亚曼迪斯与印第安纳波利斯 500 比赛的 2 度冠军获得小队的成员格兰格尔·怀特劳。它将最聪明的人集合起来，以“推动技术发展，加强公众对太空旅行的认识”为目标。所有的火箭飞机竞赛人员都将是顶级飞行员。

图 1.21 艺术家描绘的火箭竞赛联盟竞技场

(图片由 Rocket Racing League 提供)

2

第二章　为什么是空天飞行器?

建造空天飞行器标志着我们这个时代人类热情的巅峰。认识并控制自然界的力量，竭尽全力达到完美，丈量天有多高远，这是人类亘古不变的梦想。这是我们人类必须做的事情。而且，我们正在做这件事。正如肯尼迪总统曾经说的，执行第一个登月工程就是向美国发出挑战，“我们做这件事不是因为它简单，而是因为它很艰难”。

未来几十年里，先进的空天飞行器将定期往返月球。这些空天飞行器将不仅运送成千上万的游客前往月球观光，还将在未来的太空基础建设中发挥重要作用。这一切怎么会发生呢？首先，这些先进的太空班机体积将会翻番，成为太空中的燃料站，充分发挥其容量巨大的优势。其次，它们将配备极为先进、高效的多用途发动机。这还只是好戏刚开场，“先进的空天飞行器”（第 9 章）还将具备许多其他设计特点。

在 20 世纪，飞机经历了缓慢而有序的发展；在 21 世纪，空天飞行器也将缓慢而有序地发展。这一必然的进程将被视为飞机发展的延续，而飞机的发展仅在第二次世界大战后期因为弹道火箭的出现而短暂中断。

你将读到的内容包括宇航史、火箭学，以及紧密依据宇航业发展的历史与科学而得出的推断。分享那些可以而且应该为了全体人类的福祉而实现的未来，是一个朴实的想法。

一、太空观光

未来几年，现在的太空市场，包括临时性卫星、科学探索、人造物发射，都将被太空观光业所取代。这些政府出资支持的发射服务的低下效率将变得显而易见。以洲际弹道导弹为基础的发射体系将最终让位给优势不言自明的先进的空天飞行器。

这一设想的关键在于太空观光，它会让一切成为可能。早在 2009 年，旅客付费后将能乘坐亚轨道航天器，享受定期提供的“太空体验”飞行。当我打下这些词语时，用于向太空运送旅行者的航天器就在建造中。它们都是空天飞行器(图 2. 1)。

图 2. 1 空天飞行器的前身——X-38 型飞行器从 B-52 型载机上
被释放后进行可控的滑翔下降动作
(图片由美国国家航空航天局提供)

如今这些小型的观光用空天飞行器怎么才能发展成为未来的太空班机和太空加油站呢？无疑它们会成功的，但是怎么才能成功呢？这就是本书的主题。当你阅读本书时需要记住一件事：在太空中，前往任何地方或运送任何物件，只能依靠空天飞行器。在地球上，有多种方式可以运输，它们相互之间构成竞争关系。除了役畜以外，陆上交通工具还有各种有轨或无轨的轮式车辆，也有海轮，还有各种型号的飞机。每一种交通工具都在人类的商贸生态系统中（这是一种极其高效的经济组织）扮演特定的角色。这个系统不是一夜之间成长起来的，它从木制的舟车开始，随着人类文明的发展历程而缓慢成长。在 20 世纪，我们已经看到飞机加入到这个错综复杂的基础设施系统里，如今飞机已在世界各地被大量生产。现在，最新的太空设施是绕着地球轨道运行的卫星们。它们包括一些非常重要的用于通信、导航、气象的航天器。当我们继续向太空进军时，我们需要新的宇宙飞船、新的运输方式、新的基础设施。空天飞行器在太空时代将会发挥重要的作用。

随着它们雷鸣般的怒吼与滚滚的浓烟，火箭的时代已将近尾声（图 2.2）。空天飞行器必将代替它们。太空观光客们只需尝试太空观光业，就能资助这一改变。观光业已是地球上的一项价值数千亿美元的行业，太空观光业也不会例外。它将给航天公司吸引大量的资金，用于购置空天飞行器和太空班机。只要空天飞行器能赚钱，就会有大量空天飞行器被建造。反之，太空观光业的发展也会促进空天飞行器本身的逐步发展。空天飞行器的性能将会缓慢而稳步地改进。太空观光客希望飞得更高，感受更长时间的失重经历，乘坐更加光鲜的飞机。当更加大型的飞机被建造出来，就会有越来越多的观光客以越来越低的价格享受这一经历，同时，太空观光业也会进入自发的、滚雪球式的加速发展。

图 2.2　1971 年 7 月，人们发射阿波罗 15 号土星 5 火箭前往月球

（图片由美国国家航空航天局提供）

当观光客们将千百万计的美元投入到太空业，这一切都会迅速发生。空天飞行器的体积、航程、速度都会有持续的改进。最终，会出现“单级入轨”的空天飞行器，那时地球轨道上将出现太空旅馆。但这还不是故事的结尾。观光客们会将目光瞄准月球，而能登月的空天飞行器也终将出现。在太空经济的着力推动下，这一切都会实现。

二、超级航天器

火箭与飞机的最杰出的性能都集中到同一个航天器上——先进的空天飞行器。具体而言，一架拥有先进的空气利用技术的超级飞机将与一部吸气式超级发动机相结合，一跃成为一部无比强大的航天器。这台发动机将在大气里被作为传统的喷气式发动机，而在太空里成为火箭发动机，在不同的高度表现也不同。此外，这架先进的航天器不仅使用空气，还能将空气以液态储存起来，到了太空再使用。它将会在空气中飞行时使其推进剂舱充满液态的空气，而不是在起飞时就装着沉重但又必要的氧化剂。这一技术巧妙地利用了空气以获取太空飞行所必需的能量，从而成就了这架空天飞行器（图 2.3）。

图 2.3 在轨的“云霄塔”空天飞行器示意
（图片由反应发动机公司提供）

但为什么是空天飞行器呢？为什么不是先进的火箭呢？将一架有翼的、沉重的航天器送到月球上去有什么意义呢？要回答这些问题，就要我们仔细地想想我们即将面临的未来。

让我们想象一下未来，设想一下我们已经身处那里。这就是我们“了解”的。先进的空天飞行器在任何方面都胜过了无翼的航天器。它们可以反复使用，安全、高效、经济、舒适。机翼能确保它可以反复使用，并符合空气动力学的要求。可反复使用的性能提高了飞行的频率，并直接保证了安全性与经济性。作为当今太空行业中，最大的市场，太空乘客运输业要求舒适、可靠、安全、经济。空天飞行器明智地利用了既有的航空基础设施，正向月球甚至更远的地方进军。空天飞行器不仅依靠那些基础设施，而且与它们合为一体。发动机技术、材料以及空气利用技术的进展，已在 21 世纪使得空天飞行器成为现实。这就是先进的空天飞行器的构成要素。

三、基本的对比

让我们对比一下飞机、火箭宇宙飞船与未来的空天飞行器，更加清晰地看看我们的现实与未来。

表 2.1 告诉我们，火箭宇宙飞船胜过飞机的部分只有高度与速度。我们应该看到，这实际上是能量的问题。在其他各栏中，从可重复使用性到基础设施，飞机都完胜火箭。设计出色的空天飞行器将具备飞机的所有优秀特性，同时拥有目前只有火箭才具备的巨大能量。让我们再仔细看一下这些要素。

表 2.1 航天器对比

对比项目＼飞行器类型	飞机	火箭宇宙飞船	空天飞行器
飞行高度	16 km	无限	无限
飞行马赫数	0.8	35	35
比能/($ft^2 \cdot s^{-2}$)①	2×10^6	650×10^6	650×10^6

① 1 ft（英尺）= 0.304 8 m（米）

续表

飞行器类型 对比项目	飞机	火箭宇宙飞船	空天飞行器
可反复使用	是	否	是
可加燃料	是	否	是
经济性	是	否	是
可负担	是	否	是
安全	是	否	是
一体化设计	是	否	是
操作简单	是	否	是
设施完善	是	否	是

1. 能量

大多数喷气式飞机的升限在 16 km 左右。高性能的飞机已能超过这个高度，但若超过 21 km 就要求有先进的推进系统。宇宙飞船和火箭都专门用于飞向极高的高空，这使得它们的势能远高于普通的飞机。物理学家们通常在计算一个物体的势能与动能时用到它的质量，但比较不同大小或质量的物体或航天器时，会为了简化问题而将质量从算式中去掉，这就产生了一个被称作“比能”的数值。它就是该物体每单位质量的能量，包括势能与动能。从这方面考虑，很容易看出：所有的在轨或星际飞行的宇宙飞船拥有的势能与动能都比在空气中的飞机高很多，因为它们的高度和速度都大很多。一架飞行在 15 840 m 的飞机的势能比能是 1.70（单位是百万平方英尺每平方秒）。我们比较比能时都使用这一单位。飞行高度至少可达到 100 km 的航天器的势能比能的数值至少是 10.6，也就是飞行在 16 km 高度的飞机的 6.2 倍。

假定这架飞机的飞行马赫数为 0.8，即约 960 km/h，这也是现代喷气式飞机的通常速度。高性能飞机一般会超过这个速度。然而，它们永远不会赶上地球轨道的速度——马赫数 25。另外，靠火箭推进的宇宙飞船的速度可以超过 40 000 km/h，这是完全逃离地球重力所需要的速度。显然，飞机与火箭宇宙飞船之间的速度差异非常大。与势能一样，由于火箭的速度很快，因此相对飞机而言它拥有极高的动能。一架速度为 960 km/h（即 266.6 m/s）的飞机的动能比能值为 0.387，一枚速度为 10 800 m/s 的火箭的动能比能值为 648。二者相差 1 670 倍。

从上面的数字来看，速度为 960 km/h 的飞机与速度为 40 000 km/h、飞行高度为 100 km 的火箭的总比能值分别是 2.09 和 659。这枚火箭的总能量是这架飞机的 315 倍。这就是太空飞行难度大的原因。它要求提供的能量是飞机所需能量的 300 多倍。另外，飞机能飞行很长时间而不会用完燃料，并且不用关闭发动机。火箭的发动机只能工作几分钟，很快就会消耗完所有的燃料。

另一个有趣的事情是，飞机与火箭的能量分配。关于上面举例中的飞机，其能量中 19% 是动能，81% 是势能，同时忽略未燃烧的燃料中所含的潜在能量。至于例子中的火箭，其能量中 98% 以上是动能，势能不到 2%。当火箭逃离地球的重力时，它将逐渐减速，将动能转化成势能。

2. 可重复使用性

我们现在再回到问题的关键部分。飞机装有机翼和轮子，这是专门为了重复多次使用而设计的。它们可以完整地降落，滑行到斜坡上去，很快又准备好再次起飞。乘客与货物上下机、加油，以及其他服务——如常规检修与机翼除冰，都是复杂而高效的基础体系的组成部分。这使得各种型号与不同特点的飞机在同一个机场都能进行简单而经济的运营，既安全负担又不重。

从 800 多年前中国人发射原始的、以火药为燃料的火箭开始，火箭使用者们就习惯了抛弃火箭（一次性使用火箭），如图 2.4 所示。相反，从 100 多年前的怀特兄弟第一次驾驶比空气重的飞行器开始，飞行员们就习惯了多次使用飞机。时至今日，弹道发射装置还会在每一次发射中抛弃一些沉重的结构部件。这使得火箭的成本和危险性一直居高不下。

未来的太空班机将不会考虑在飞行中抛弃部件的火箭。对于一旦出现故障将在任何地方着陆的火箭，和至少能由飞行员控制滑翔的有翼飞行器，如果要在二者之间做出选择，结果是显而易见的（图 2.5）。有翼飞行器可自动被再次使用，操作也很容易理解。航空业已经存在了 100 多年。每一架飞机都被设计用于日常使用，而不仅仅是再次使用。弹道火箭就不是这么回事了。结果，飞机的安全记录比火箭好很多，因为航空业的经验比太空飞行多很多。仅此原因，空天飞行器

图 2.4　弹道着陆技术的不利方面
（图片由美国国家航空航天局提供）

的发展就应该是对现在的飞机进行适当的改进。一架出色的空天飞行器首先应该是一架高效的飞机，再升级改造以适用于太空飞行。说比做容易得多，还需要更多的后续努力。太空观光将为此成为现实提供持续的动力。

图 2.5　X-2 降落后前轮已撞毁，因为有机翼并有飞行员，飞行器和机上人员都能再次飞行
（图片由美国国家航空航天局提供）

3. 加燃料的能力

50 多年前，阿瑟 · C · 克拉克写过有关在轨添加燃料的文章。对太空操作的这一明智设想要求火箭宇宙飞船在飞抵轨道时仍保留其燃料舱。然而，航天飞机每次发射时都会抛弃它的外部燃料舱。每个商业性太空发射器都是如此。它们在“分级推进”的过程中会抛弃燃料舱和发动机，以便更加轻松地飞入太空。只要

发射火箭时仍然这么做，他们将永远不能认识到在轨添加燃料的好处。发射弹道火箭时不考虑长期的运营能效，因为从不需要。能效总是牺牲给了单次发射的短期目标。

4. 能效

为了多次重复使用，飞机都是较经济的。首先，在过去的一个世纪里，它们的设计一直在改进和完善。其次，它们被大量制造，提高了它们在私营和商业部门的可负担性。最后，它们以三种方式利用空气，我们将很快看到相关内容。直到最近，只有各国政府曾经发射和运营宇宙飞船。这没有什么好奇怪的：宇宙飞船既不经济，也让人负担不起。即将到来的“个人太空竞赛”将会改变这一切。这是非常重要且无法忽视的一点，最初的宇宙飞船——包括航天飞机和“宇宙飞船一号”——都是空天飞行器。

使航空运输业成为可能的唯一重要因素就是人，许许多多的人。太空旅行也将如此。大量的太空观光客们最终将会拉低进入太空的成本，提升航天器的性能，为后来人营造出可负担的太空旅行。

空天飞行器将利用空气作为优势，而不是将空气视为阻碍。和所有的飞机一样，但与弹道火箭不同的是，空天飞行器将利用空气固有的上升特性、空气中含有的氧气，以及它的推力潜能。弹道导弹和火箭都没有这些性能。混合式发动机集成了涡扇与整流尖锥的特质，也被用于空天飞行器的设计。“旋转尖锥”将利用飞机周围的空气作为推进剂，通过自动的高度补偿功能，在飞向轨道的途中始终保持能效的峰值。高空氧化剂转化是空天飞行器在前往近地轨道途中使用的技术。空天飞行器起飞时不再需要同时负载沉重的燃料与氧化剂。因为液氧作为现有的最常用的火箭燃料，其比重却很低，空天飞行器可以在起飞时装满液态氢，却使氧化剂罐空着。在约 15 km 的高空，沉重的氧化剂，如液态空气、过氧化氢或液氧，都将通过空中加油机被输送给这架空天飞行器，使它从这一高度立即加速进入轨道。

一旦到达轨道，空天飞行器将从在轨的推进剂补给站中获得燃料与氧化剂，而补给站可以从定期的空天飞行器运输中获得补给。装满燃料与氧化剂后，空天飞行器在近地轨道上仅需比已有的速度 8 km/s 再增加 2 km/s，即可逃离地球轨道。此时，空天飞行器可以成为月地飞机，只需较低冲力的腹部火箭，即可在月球着陆。从月球返航时，月地飞机将以 40 000 km/h 的速度直接进入地球的大气层，降落在任意一处航天港，在数小时内充满燃料后再次起飞。

5. 安全性

采用有效的技术，如今的空天飞行器或许能更加安全。空天飞行器的乘客伤亡率只有约五百万分之一，这个风险等级相当之低。航天飞机每飞行 60 次左右就会发生一次机毁人亡的事故。尽管航天飞机被认为是操作比较安全的，但它发生重大灾难的概率仍几乎是商业航班的 10 万倍。为什么如今的空天飞行器比飞机要危险许多呢？这与它们升空的方式有关（图 2. 6）。

图 2. 6　1981 年 4 月 12 日，“哥伦比亚号”航天飞机发射升空
（图片由美国国家航空航天局提供）

当今，大多数航天器，包括航天飞机，都是以弹道火箭的方式发射，这就导致了非常高的风险。这一点是理解火箭与飞机之间在安全上的区别的基本事实。因为传统的宇宙飞船是由不可再用的弹道火箭发射升空的，它们进行的试验数量远远少于飞机，而所有的飞机都经过大量的飞行测试。太空飞行非常困难，相对速度、高度都低很多的空气动力飞行而言，它面临更大的挑战。因此，太空发射比飞机飞行的次数少很多。使情况变得更糟的因素是市场不够成熟，自从 1957 年以来，地球上的太空发射业只完成了几百颗卫星的发射和少量的政府太空项

目，但太空观光将会改变这一切。

6. 简易性

火箭可能是工程领域里的一朵奇葩，因为它的设计就是要求在正常的操作中解体（图 2.7）。

图 2.7 采用典型模块化设计的“战神 I 号”运载火箭，
仅有固体火箭助推器和圆锥状载人仓可重复使用
（图片由美国国家航空航天局提供）

例如，土星-V 探月火箭每次飞行都会分解成至少 8 个部分。只有其中最小的一个部分会返回地球。这个模块化的飞行器在工作上让人满意，但是非常浪费相关硬件和成本。航天飞机稍好些，它只会分解成 4 个部分，但还是可笑地抛弃了飞行中最重要的部件——推进剂罐。恰恰相反的是，空天飞行器被设计成保留所有的部件，几乎能在任何地方加装燃料，并返回执行新的任务。

空天飞行器可以从跑道上起飞，和普通的飞机十分相似。它们不需要庞大的发射中心，可移动的服务体系，以及大批的发射人员。此外，它们将被设计成能在数小时内降落、冷却、加燃料并再次起飞，而不是像航天飞机那样需要几个月，甚至几年的时间。未来的空天飞行器将像飞机一样易于操控。

7. 操作上的优势

成功设计一架空天飞行器的关键在于，找出飞机比火箭更出色的地方，同时找出火箭比飞机更出色的地方，再将这些优点集中到一部机器上去。简而言之，这就是空天飞行器面临的挑战。例如，飞机至少以三种方式利用空气：① 利用空气动力学原理中的升力；② 利用空气中的氧气以维持燃料的燃烧；③ 利用空气作为推进剂或“工作质量”。火箭恰恰相反，它从不以上述方式利用空气，而是自带推进剂与氧化剂，并且以野蛮的火箭式冲力代替了空气动力学原理中的升力。这些因素使得火箭可以在太空的真空环境中飞行，而在那里，普通的飞机就毫无用武之地，也永远无法到达那里。

航天飞机只解决了空天飞行器的一半问题，它利用机翼返降地面，但使用弹道火箭进入太空。这意味着航天飞机的机翼和垂直尾翼在起飞时完全是累赘。这还只是朝着正确的方向迈出了一步，先进的空天飞行器将进一步解决存在的问题。通过水平起飞和水平降落的方式，空天飞行器将大大地迎合其乘客的需求，同时避免航天飞机项目中存在的缺陷。它们将从全球各地的航天港起飞。水平起飞意味着空天飞行器不再会受引起“哥伦比亚号”航天飞机爆炸的下落碎片的困扰，也不再会受到引起“挑战者号”航天飞机爆炸的捆绑式火箭推进器喷出的热气的影响。我们将在本书的后面谈到此类悲剧，着眼未来的空天飞行器设计并吸取其中的教训。

反对发展“单级入轨”空天飞行器的主要论调是认为它们无法携带足够的燃料以飞抵轨道。实际上，航天飞机的太空运输系统需要在两个巨大的固体燃料火箭推进器和一个巨大的液体燃料推进剂罐中携带大量的推进剂，它们都装在航天飞机的外部。然而，航天飞机的主要问题就是它是垂直发射的。未来的空天飞行器将是水平发射的，而且极大地改进了对空气的利用，因此几乎不会像航天飞机那样需要那么多推进剂。此外，空天飞行器将比飞机以及迄今出现过的航天器都更加用途广泛。至少从短期来看，大多数空天飞行器将被特别设计为客运式，而不是货运式。相反的是，航天飞机被设计成一辆重型“太空卡车”，它能将 29 250 kg 的货物送入近地轨道。

8. 通用性和基础设施

随着有关空天飞行器的设计越来越棒，其最终将实现飞天梦想，并开始证明其通用性。在不远的将来，空天飞行器的一大用途就是运送推进剂。空天飞行器将不仅依靠太空中的推进剂补给站，它们也很可能负责为那些补给站提供补给。

在过去的一个世纪里，为了支持各类飞机的高效运营，已经发展起来一套极为发达的基础设施，有位置便利的加油站、维修车间，还有准备停当的各类备用配件。当需要维护修理时，这些车间、配件和设备就会及时满足需求。最初的空天飞行器将利用现有的航空基础设施，逐步将其延伸到近地太空中去。推进剂的储存站将被安置在地球轨道上、月球上以及其他行星上，其可支持一套成熟的21世纪太空运输系统。空中燃料补给站也可以在空天飞行器飞往轨道之前就提供服务。当然，训练有素的技术人员、修理车间以及备用配件也将被有计划地安排在相应的地方。

9. 弹道火箭的废弃物

图2.8与图2.9显示的是近地轨道上的成千上万的碎片，它们是被抛弃的发射器、二级推进器以及爆炸后的人造卫星碎片。这些废弃物不仅是一种浪费，而且对附近飞行的航天器来说是极度危险的。美国的太空监视网络日常跟踪所有直径大于10 cm的太空碎片——这样的太空碎片大约有11 000块——以保证在轨的人造卫星和航天器不会被撞上。除了这些“较大”的轨道碎片外，大约还有

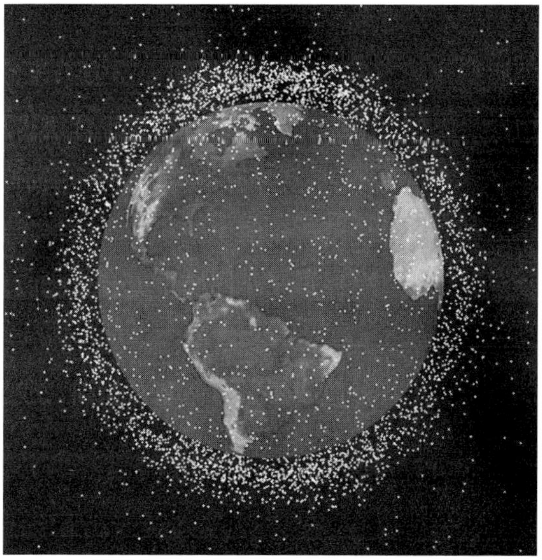

图2.8　弹道火箭抛弃的碎片在近地轨道上形成的星云
（图片由美国国家航空航天局提供）

100 000 块“较小”的、直径为 1~10 cm 的碎片，以及几百万块更小的碎片。未来完全可以重复使用的空天飞行器将不会再面临此类可怕的危险，因为它们在离开大气层时将不会散落碎片。近地太空是指距离地球表面 2 000 km 以内的区域。在这个区域里，每次火箭发射都会产生大量的废弃物。要解决这些碎片产生的问题（火箭学家不会为此劳神），唯一的办法就是不再增加碎片。随着这些碎片逐渐降落，最终近地太空会变得干净。而设计上自成一体的空天飞行器将对缓解这一问题有极大帮助。

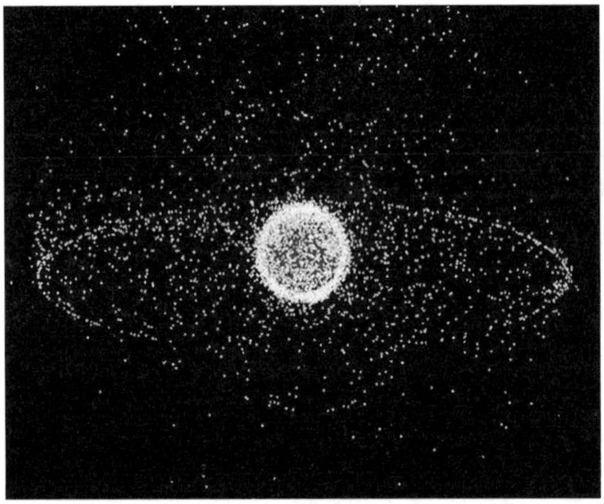

图 2.9　地球同步轨道上的碎片示意
（图片由美国国家航空航天局提供）

四、结论

未来，在技术上就能实现这一设想。这些不同的部件只需按照正确的方法被组装起来，就能创造出一套可行的系统。这些部件包括常见的跑道、机翼、轮子、推升气体、加油机、可重复使用的太空燃料补给站、在轨燃料储存站、吸气式涡轮增压火箭、飞行员以及乘客。其中的大部分已经准备就绪。

在后面的章节中，我们将更加仔细地考虑一些令人激动的可能性。如果你正在阅读本书，你也有可能够帮助实现它们。

3

第三章　火箭学：添加机翼

1945 年 1 月的某一天，在北海附近的德国佩纳明德火箭发射场，令人畏惧的 V-2 火箭即将发射。但令人奇怪的是这枚 V-2 火箭装有后掠式侧翼。倒计时开始：十、九、八、七、六、五、四、三、二、一、零！这枚竖立的带翼火箭 A-4 b（这是它的最初命名）咆哮着飞离发射场。很快，它就从人们的视线中消失，但仍在远程跟踪设备的监视之下。这枚带翼的火箭毫不费力就突破了声速，冲到弹道的最高点，又以极高的速度俯冲下来。当其中一块侧翼开始脱落时，它产生了轻微的震动。突然，它在马赫数为 4 时被撕裂。第一枚超声速火箭飞行器诞生了，同时，也很快消亡了。

在结构上，弹道导弹比任何有翼的飞行器都简单，只需要承载纵向的载重，而无须承载横向的应力。到了第二次世界大战末期，德国的工程师们为 V-2 导弹加装侧翼以增加其射程。加装了侧翼的 V-2 导弹第一次发射就失败了，但失败与其新安装的侧翼无关。第二次发射时，导弹如愿升空，并在进入滑翔飞行后被空气动力撕掉一片侧翼。此次试验说明，弹道导弹也可以成为有翼的滑翔器，这比航天飞机的诞生早了近 40 年（图 3.1）。

德国的有翼 V-2 导弹试验说明，将航空技术和航天技术结合在一起是多么困难。尽管它们都能用于飞行器，但没有一点共同之处。航空器总是在相对温和的大气层中飞行，那里充满了氧气，有升力还有推力。火箭则总是飞到大气层以上并进入太空。飞机在很多方面要依靠空气，火箭则完全不依靠空气，更喜欢直接冲进轨道。

图 3.1 “波马克”导弹正在垂直发射，侧翼增加了该导弹的射程
（图片由美国空军提供）

空天飞行器的发展坚持将航空学和航天学结合起来，这是一项艰难的任务。因为，飞机总是以水平姿态起飞，而火箭一般垂直从发射台上升空。飞机和火箭要承载的应力和负载完全不同。火箭是简单的垂直圆筒，装满了燃料和氧化剂，从结构上来说特别要承载纵向的负载，而飞机需承载其机翼和起落架上的横向负载。这些因素使火箭的设计与飞机截然不同，而将这两种设计集中到同一个飞行器上只是众多挑战中的一个。

下面，让我们分别了解一下飞机和火箭的高明之处，搞清楚这两种技术如何在空天飞行器上结合起来。

一、飞机

飞机一直都在地球的大气层内飞行，以三种主要方式利用空气。第一，大气可以对机翼产生升力，以对抗向下的重力。机翼上方和下方的空气压力之差产生向上的升力。第二，空气中的氧气使发动机内部的燃烧可以持续。因此，飞机无需携带氧气。第三，也是容易被忽视的一点，大气为飞机发动机产生的推力提供了“工作流体”。飞机不用携带推进剂，因为它可以利用周围的空气推动自己前进。由螺旋桨推动的飞机将迎面而来、流经桨叶的空气加速推开，这样就提供了所需要的向前推力。对于喷气式发动机，空气从前端被吸入、压缩，与燃料在涡轮里燃烧，再从后端被喷射出去。在涡扇发动机中，流经的空气被压入发动机的核心再分流后排出去，从而产生主要推力。

飞机在飞行中主要受到四种作用力（图 3.2），分别是升力、重力、推力、阻力。它们互为反向力，其作用中的升力与重力相反，发动机产生的推力与空气阻力相反。升力由空速、空气密度，以及机翼的升力系数等因素决定，通过将机翼上方与下方的压力差乘以机翼的面积可计算得出。因此，较大的机翼产生的升力大于较小的机翼。重力或重量，总是将飞机拉向地心，因此飞机在飞行时必须始终用升力对抗重力。同样，推力和阻力在飞机飞行时也是相反的。推力向前，而阻力向后。这两个力必须保持平衡，才能保证飞行平稳。如果这两个力不相等，飞机就会加速或减速。

图 3.2　空天飞行器在大气层内飞行时，空气动力学原理同样适用

（图片由美国航空航天局提供）

如果空速低于某一个关键值，机翼就会完全无法产生升力，飞机将会失速，这与发动机无关。飞机失速就是机翼停止产生升力。所有的飞机必须通过机翼持续产生升力，除非它要降落，或是失去控制、坠落地面。这也同样适用于航天飞机，因为着陆时航天飞机是没有动力的滑翔器（图 3.3）。那么，航天飞机怎么飞行呢？它的推力又来自哪里？

图 3.3 “亚特兰蒂斯号”航天飞机完成 STS-66 任务后，
即将降落在加利福尼亚州的爱德华空军基地
（图片由美国航空航天局提供）

在着陆之前，航天飞机确实是依靠重力来提供前进的推力的。航天飞机在落地之前保持机首前倾的姿态，重力矢量就可以被分解成两个正交矢量，一个与前进的方向一致，另一个则垂直于机身朝下。垂直于机身朝下的矢量与航天飞机的机翼及机身产生的升力正好方向相反，而与前进方向一致的矢量则成了推力，与空气阻力的方向相反。

飞机一般通过控制面进行飞行控制。控制的三个轴向分别是前后俯仰、横向翻滚、左右偏转。前后俯仰可影响攻角，由水平机翼上的升降舵或前部的鸭式副翼来实现。这些小的控制面一同上下移动，可使飞行员随意地前后俯仰机首。横向翻滚可影响侧倾的角度，使飞行员可以在飞行中保持机翼的角度，或进行协调动作的转弯。出色的飞行员在保持飞行的同时可完成连续的翻滚。所有机翼上的副翼同时向相反方向偏转，可使飞机沿纵轴翻滚。左右偏转可影响飞机的航向，由尾翼上的舵来实现。飞机的舵与船舵的作用一样。进行协调动作的转弯时，技巧高超的飞行员会同时使用横向翻滚和左右偏转进行控制。

二、火箭

飞机飞行的原理与气球、汽艇的完全不同，火箭又另有一套飞行原理。这些原理最初由英国物理学家伊萨克·牛顿公爵发现，它们适用于所有的飞行器：

（1）一个物体会保持其运动或静止的状态，除非受到外力；

（2）一个力对一个物体产生的加速度与该物体的质量成反比；

（3）所有的作用力都有一个反作用力。

让我们自下而上审视这三条原理，因为这样可以进行更加符合逻辑的讨论。第三条原理解释了火箭是如何飞行的，特别是它为何能在太空中飞行。总而言之，从火箭发动机中喷出的气体产生了一个冲量，使得火箭向相反的方向加速运动。火箭喷出的气体冲量（质量乘以速度）越大，火箭推进的速度就越快。一个漏气的玩具气球就是火箭反作用力的最好例子。当一枚火箭在地球（或其他行星）的大气内飞行时，周围的大气压力会影响发动机的运行，这通常会导致能效降低。因此，火箭最好是在太空的真空环境中飞行，在那里其性能才能被充分发挥出来。

第二条原理告诉火箭科学家们，当发动机点火后，航天器或发射装置会有多大的速度。一枚装满燃料的发射器显然会加速缓慢，而较轻的发射器在同样的推力下将加速更快。一枚火箭需要加速的质量越小，它就越容易加速。在太空飞行中，速度就是一切。这就解释了为什么所有的发射器在前往轨道的途中都会将无用的部件抛弃。因为每抛弃一段推进级，火箭就更加容易将发射器剩余的部分加速到所需的速度。

第一条原理解释了是什么使得一艘宇宙飞船能在没有空气阻力的情况下，从它的发射点滑行到目的地，而无需点燃火箭发动机（图 3.4）。这条原理还解释了是什么使得所有的在轨运行的宇宙飞船、空间站、卫星以及探测器能自由地运行。所有的轨道都可能被描述成自由落体。

图 3.4　带有登月模块的“猎户座”航天器正接近月球
（图片由美国航空航天局提供）

火箭飞行时无需向后推任何东西。实际上，它们在太空的真空环境中飞行得比在大气层中更好。火箭是如何工作的呢？它们为什么总是垂直升空呢？

火箭的实质就是可控的、高温燃烧的发动机。它们的工作原理是，将燃料与氧化剂以一种特别的方式燃烧后产生大量能量并将其转化成势能和动能。例如，航天飞机起飞时要用到一个装有 680 多 t 液体推进剂的外舱和两级巨大的固体燃料助推器，8 min 后就耗尽了所有的推进剂，并以 28 163 km/h 的速度飞抵近地轨道。

将燃料和氧化剂喷射进入火箭发动机燃料腔的方式是使用高压涡轮或者惰性气体加压系统。因为火箭发动机的胃口很大，所有这种高压喷射很有必要。燃烧后的高温气体只能从后方的一个特别设计的超声速喷嘴射出。这个喷嘴要使射出的气体达到最快的速度，因为就是这些气体的加速度才能给发射器提供所需的反向动量。

与飞机不同，大多数火箭是垂直飞离地面的。除了目的地在正上方这个显而易见的原因以外，还有其他一些原因。与其他飞行器不同，火箭要带上所有它需要的东西，包括氧气，用来维持其发动机内燃料的燃烧。火箭上的推进剂——包括燃料与氧化剂——既提供能量，又提供推力所需的工作物质。因为在太空中没有空气，必须带上所有的工作物质，而燃料与氧化剂正好发挥了这个作用。因此，发射器根本不需要空气。实际上，空气只是要被尽快穿透的阻碍。在大气中的速度太快，将产生很大的动态压力，会导致发射器解体。阻力的减小也会增加抵达轨道所需的加速度。因此，在达到太快的速度之前，火箭穿透大气层并抵达太空的速度越快越好。此外，垂直发射还允许火箭的结构设计简单，因为这时加速的负载都是沿着火箭箭体纵向分布的。最后，火箭无需着陆装置或机翼，因为它们不用返回地球。这也使得这些垂直的、一次性使用的圆柱形结构设计起来较为简单。这些因素使得火箭质量较轻又结构合理，适合执行一次性任务。由于上述原因，火箭总是垂直发射。

三、火箭方程式

为了充分了解火箭或以火箭为动力的航天器，需要很好地了解火箭学的基本方程式。其如下所示：

$$\Delta V=c\ln(M/m)$$

公式中的第一项是 ΔV，它是太空任务中所需要的理论上的速度变量。这个值不仅指到达近地轨道或月球所要求的速度，实际上还包含其他因素，如阻力和重力造成的速度损失、着陆时的机动、飞行中段的姿态修正。例如，飞抵近地轨道的速度一般要求是 9. 14 km/s，这其中还包含用于克服大气阻力和重力的 1. 31 km/s。

公式中的第二项是排气速度 c，它是指排出的气体在经过火箭喷嘴出口平面时的速度。一旦过了这个点，膨胀的气体就完成了所有对火箭加速的工作。排气速度取决于推进剂的特定冲量 I_{sp}，即用推力除以每秒钟推进剂燃烧的质量。单位质量流速的推进剂产生的推力越大，其特定冲量就越大。推进剂的质量越轻，排气速度就越高。这就是为什么康斯坦丁・齐奥尔科夫斯基在一百多年前就写道氢气适于作为太空飞行的燃料。有关排出速度与特定冲量的更多信息，可参见附录。

质量比值 M/m 是用发射器装满燃料时的总质量 M 除以燃料完全用完后的剩余质量 m。有两种方法可以提高该比值。第一种是使用较厚重的推进剂以使最初的质量尽量大些，实际这种方法常被用于许多火箭的第一级。第二种是使飞行器的空载部分尽量轻些，以使最后剩余的质量尽量小些。空天飞行器设计中最大的挑战就是尽量提高单个飞行器的质量比值。提高质量比值的最简单的方法是一种已知的技术——分级，这种技术实际上已被所有的火箭采用。该自然对数的值是一条水平渐近线的指数曲线，随着质量比值的逐渐增加，该曲线的曲率逐渐减小。例如，将质量比值增加一倍会使速度增加，但速度不会增加一倍，因为这条对数曲线逐渐变平。

四、分级

火箭通常由两级或三级组成，当一级消耗完燃料后它就被抛落。这极大地减少了将被推入轨道的发射器剩余部分的质量，是达到在轨速度的极有效的办法。火箭运行的方程式会被应用多次，只要发射器还有推进级，每次应用时的最后质量 m 就是该推进级从发射器上抛落前的发射器剩余总质量。当下一级点火时，新的最初质量 M 就是剩余的装满燃料的各推进级与火箭顶部的宇航器的质量之和。使用多级推进段的巨大好处就是提高了有效质量比值。这样就能将更大的载荷质量送入预定的轨道，无论是绕地轨道还是更远的地方。使用特定的发射器时，增大载荷的能力也可以转化成速度，只需在顶部安放更轻的载荷即可。前往冥王星附近的“新地平线号”宇宙飞船就是这么做的，为了能在 10 年时间内飞抵冥王星附近，它的质量被做得尽可能轻。“新地平线号”宇宙飞船只用了 10 小时就飞越了月球，而“阿波罗号”飞船却花了 3 天的时间。

火箭使用多级推进器来完成通常执行的一次性任务，但是这却不适用于未来的空天飞行器，弹道火箭与空天飞行器的最大不同是：空天飞行器是可重复使用的。

现在，我们已经快速对比了飞机与火箭，让我们看看未来的航天器——空天飞行器，它将向观光客们敞开太空的大门。

五、空天飞行器的挑战

“单级入轨”的空天飞行器代表着航天工程领域的终极设计挑战。质量比值与载荷能力的最大化，这两个目标之间存在矛盾，前者是为了实现单级入轨，后者是首要目标。尽管理论上可能单级入轨，但大多数设计结果还是载荷极小。此时，当发射器飞抵地球轨道时，航天器基本就是一个浮动的燃料舱与一个极其狭小的乘员舱或货舱。该发射器大约90%是空的。这就是为什么我们仍旧钟情于多级垂直发射火箭。对此可以做点什么吗？

新的发射器需要大胆的、崭新的思路。首先，要认识到劣势可以转化成优势。举个简单的例子，设想一个有翼的燃料罐，它凑巧需要在轨加注燃料。现在不用操心燃料来自哪里，只要设想你是空天飞行器的飞行员，这架空天飞行器刚刚飞达近地轨道就没有推进剂了，你只有足够的燃料进入一个轨道并与一个燃料补给站会合。一旦燃料和氧化剂补给完成，你们的任务能力是什么？答案会让你大吃一惊。

记住，你所驾驶的空天飞行器满载燃料时可以加速到8 km/s。你到达轨道时已经耗尽所有燃料，飞行途中还需要一些技巧以降低推进剂的消耗，使阻力和重力所引起的损耗最小。现在你驾机运行在轨道上，刚刚从燃料补给站驶离，燃料舱已加满。你机上的给养远远不够再进行一次星际飞行，因为你在几个月的椭圆形轨迹飞行中会耗尽所有的食物、水，以及呼吸所用的空气。但是燃料舱是满满的，你开始想去什么地方走走。幸运的是，附近就有一个很大的目的地：月球。只需再加速3 km/s即可达到从近地轨道逃离的速度，而返回地球是没有问题的，因为你有机翼。进出月球轨道不需要太多的燃料，因为月球的引力很弱，向月球滑行时就像上山，你将会明显地慢下来。因此，你再次关闭发动机，前往月球。不到3天，你和你的机组人员以及乘客从空天飞行器那舒适的舱室里向下看，就能看到坑坑洼洼的月球表面。但是，请稍等！你刚刚想起一些重要的事情。

你的燃料舱里还有能加速 5 km/s 的燃料和氧化剂，而你返回地球时不需要那么多燃料。返回地球的路程就像下山，而空气就是免费的刹车。正在那时，你有了一个主意。月球表面的基地告诉你，他们的燃料不断减少，而你的乘客吵着要来一次月球漫步。但你无法将空天飞行器降落在月球，因为它只是设计用于降落在地球上。你不愿冒险来一次尾部着陆，因为你可不想翻机。因此，你与月球基地的成员通了一次话。

“‘第谷一号’，我是空天飞行器‘耶格尔号’。”

“请讲，‘耶格尔号’。”

“我们有一个提议给你们。我们还有约一半的燃料，但我们滑行返回地球时不需要这么多燃料。我们还有一些观光客，他们很想来一次月球漫步，但是他们需要搭车前往月球再返回。你们可以帮助我们吗?”

“收到，我们将在两小时后与你们会合。很高兴能帮上忙。”协议就此达成。2 小时后，蜘蛛一样的月球穿梭机与“耶格尔号”对接，所有舱门和管口都被封牢，乘客和推进剂被迅速转运。在月球上度过 24 小时后，太空观光客们又返回空天飞行器，耗尽燃料并进入前往地球的轨道，你乘坐最快的飞机向家的方向滑行。

几天后，你将以 40 232 km/h 的速度并伴随其所引起的炙热高温进入大气层，经过几次跳跃式的滑行后速度和温度都会下降，自航天港出发一周后你降落到地面。

这个小故事告诉我们，空天飞行器能向月球同时运送乘客和推进剂，具有很强的通用性。因为“单级入轨”的空天飞行器都有巨大的推进剂舱，它们天生就非常适合作为太空加油机。如此看来，这些巨大的推进剂舱不仅能使空天飞行器飞抵轨道，还能为各种太空基地及太空站提供宝贵的推进剂。让我们更仔细地审视这一想法。

如果在月球上发现水了，那又会怎样？当然，它会以冰的形式存在，可能就在月球两极附近。如果这些冰可以被融化并电离成氢气和氧气，月球自身就能向未来的太空基础设施提供丰富的推进剂。这会完全改变局面。这个故事里的英雄们就会取来月球上的推进剂，再把它们送到绕地轨道上飞行的太空站里，而不以另外一种方式发展剧情。如果还要向月球前进，空天飞行器只需加注足够进入月球轨道的燃料。它将加注推进剂舱容积的五分之二，以轻得多的负载飞向月球，再装满水而不是火箭推进剂以返回地球。这是因为，水的体积比物质构成相当的液氢和液氧的体积要小。当它作为推进剂时，只需要考虑质量。来自月球的水被运到近地轨道上的推进剂储存站后，可以经太阳能再被电离生成火箭推进剂。这一切都将在下艘缺乏推进剂的宇宙飞船到来前完成。

这是对未来的一个设想。但现在还要考虑，如何设计这些先进的空天飞行器？如何研制它们？何时才能拥有它们？要回答这些问题，我们还需好好研究一下它们的前辈——飞机和火箭。

六、混血儿降临

是什么使得飞机如此成功？正如我们在前一章读到的，是其高效能。飞机被大量制造，可充分利用既有的基础设施，还能运输大批的乘客。

飞机还大有前途。这不仅因为它拥有大量的乘客，还因为它有空气提供免费的氧气，空气能提供升力而阻力却很小，空气还可以免费作为极为重要的工作物质（图 3.5）。

图 3.5　高速飞行的“子母式”空天飞行器在很多方面要向灵巧的载机学习，如 SR-71 型“黑鸟”飞机

（图片由美国航空航天局提供）

火箭也大有前途。它可以控制大量的能量，其强劲的发动机只需短暂工作，就能实现在轨自由落体活动中的平衡状态。当它飞抵太空轨道时，能完全关闭发动机，自由地、永久性地绕着地球滑行。

空天飞行器运行的免费条件包括：来自空气的氧气、来自大气层的工作物质、在太空轨道的自由落体活动。必须付出的代价有：克服阻力以换取升力、消耗推进剂以换取速度。

现在挑战来了：将火箭与飞机结合到一起。它们必须成功地被整合起来，创造一个航天器的“混血儿”，其拥有比其前辈更出色的优异性能（图 3.6）。这个产品比蹩脚的火箭飞机 X-15 优秀得多，又比尴尬的航天飞机轻巧得多。发展成熟后，这部航天器将能自行站立（而不是坐立在尾部），同时又能自行着陆。它将比其前辈们更好地适应环境，即在空气中比飞机飞得更快，在太空中比火箭飞得更远。一架精巧的空天飞行器值得期待。

图 3.6 “X-38”空天飞行器在其“祖辈”B-52 飞机的机翼下
（图片由美国航空航天局提供）

在建造空天飞行器的工作中还有一些理论上的挑战未被深入研究。在本书的后续章节中，我们将更深入地研究这些问题，以期获得更深入的认识。

4

第四章　导弹和模块化航天器

空天飞行器的出现必然会为我们进入太空的方式带来新思维：过去从发射平台进行垂直发射，现在新型运载器像飞机一样从跑道起飞；过去只有一小部分部件可以重复使用，在进入太空的途中需要抛弃运载火箭，现在必须考虑全面的可重复使用性；过去在一次发射任务之后要等上好几个月才能进行下一次，现在必须考虑发射任务的日常化，甚至在一天之内重复发射空天飞行器；过去登月需要专门的登月舱，现在必须考虑真正通用型的航天器；过去只有一小部分精挑细选的宇航员可以进入太空，现在必须接受普通大众进入太空的可能性。而空天飞行器正是帮助我们实现上述宏图大志的关键。

在本章，我们将对当代的弹道火箭和垂直发射运载器与未来的空间飞行器进行对比，以使读者充分了解航天运载器（包括现在和未来的空天飞行器）的优势、缺陷和潜力。我们还会提出一些尖锐的问题，并坦诚地寻求答案。这些问题包括：空天飞行器会完全取代常规火箭吗？弹道导弹的致命弱点是什么？为什么空天飞行器比垂直发射器更安全？此类新型航天器何时能实现？空天飞行器最大的优势是什么？最大的弱点又是什么？

一、火箭技术的历史

火箭的始祖可以追溯至800年前，1232年中国人曾将它们用于战争。它们在记载中被描述为“飞火箭”。在接下来的数世纪里，这些早期的黑火药火箭在设计上几乎没有什么发展。直至19世纪初，英国陆军的威廉·康格里夫爵士才对早期火箭进行了一些著名的改进，改进后的新型火箭尺寸更大、射程更远、装药技术更为先进，同时还使用了金属薄板筒身和便携式的中心平衡杆。康格里夫火箭曾应用于第二次英美战争期间的麦克亨利堡战斗，并因此在美国国歌中留下“火箭的闪耀红光”的不朽名句。随后，威廉·黑尔对康格里夫火箭做了进一步改进，主要是增加了排气板，使火箭实现稳定旋转。远程炮弹和更先进的瞄准技术出现之后，火箭几乎全面退出使用，直到20世纪初才再次得到发展（图4.1）。

图4.1　1945年6月27日，美国国家航空咨询委员会沃罗音岛发射场，一枚弹径为8.2 cm的小型弹道导弹进行发射
（图片由美国国家航空航天局提供）

1926年，美国物理学先驱罗伯特·戈达德制造并发射了世界上第一枚液体燃料火箭。液体燃料火箭的优点是可以进行燃烧控制。与固体燃料火箭相比，液体燃料火箭的优势是可以根据需要进行熄火或减速。同时，液体燃料火箭的效能相对更高，尤其是在高空。随后的20年间，瓦尔特·多恩伯格率领沃纳·冯·布劳恩在内的德国火箭科学家团队研发了一系列液体推进火箭，最终研制成了第二次世界大战期间著名的V-2火箭，这是后来所有液体燃料火箭的鼻祖（图4.2）。

图 4.2　沃纳·冯·布劳恩博士，德国 V-2 火箭、美国“水星—红石”和“土星”系列运载火箭的设计者，背景为土星 IB 火箭
（图片由美国国家航空航天局提供）

液体推进火箭发动机是工程学的一大奇迹。它们在运转过程中可以使用的化学品种类非常广泛：低温的或易储藏的、惰性的或易燃的、有毒的或无毒的等。一般来说，燃料和氧化剂这两种液体推进剂需要通过高压注入燃烧室，根据发动机设计的不同，这种高压要么由经过增压的推进剂存储罐产生，要么由高压涡轮泵产生。

二、火箭的类型

本节将探讨不同类型的火箭：固体推进剂火箭、液体推进剂火箭、混合推进剂火箭和多级火箭。化学推进剂火箭主要有三种类型：固体火箭——使用混合在单一基质中的固体燃料和固体氧化剂；液体火箭——使用分开存储的液体燃料和液体氧化剂；混合火箭——使用固体燃料和液体氧化剂（反之亦可），这种设计可以使固体火箭具备液体火箭的部分优点。不管是哪种火箭发动机，都需要自带燃料和氧化剂。

固体火箭的推进剂是一整块类似橡胶的化合物，直接黏合在火箭壳体内部。这个固体“颗粒”的内部以特定形状被掏空，以便作为燃烧室，特定的形状则是为了实现特定的燃烧速率和燃烧方式。推进剂颗粒本身混合了燃料和推进剂，因此燃烧可以在推进过程中持续进行。固体火箭没有阀门，也没有其他遏制高能燃烧的方法，一旦点火就无法停机。推进剂颗粒整个内部都能作为燃烧室使用，因此固体火箭的推进剂存储罐和燃烧室是一体的。

固体火箭的一大优点是使用前可以长期存放，另一大优点则是设计简单，因此便于生产，可以用新的橡胶基质进行翻新，并且十分可靠。固体火箭单元的可靠性非常高，以至于在发射台上固定航天飞机的爆炸螺栓可以在固体火箭助推器点火的同时进行分离。如果此时固体推进剂没有被顺利引燃，读者们可以试想会发生什么情况——航天飞机将会翻倒并爆炸，机组将无法生还。

固体火箭最主要的缺点是无法停机、减速，或者中途重新点燃。虽然可以通过在壳体内重新装填推进剂来进行翻新，但这种工程的花销和复杂程度都远超液体燃料换装工程。

液体火箭（图 4.3）使用多种燃料和氧化剂，它们在进入燃烧室之前各自保存在分开的存储罐里。燃料和氧化剂中有些是低温液体，需要用隔热罐体保存——如液氢和液氧，有些则是易燃液体，接触外界即会自燃——例如甲基肼（MMH）和四氧化二氮（N_2O_4）。

有些液体推进剂具有剧毒，有些则具有强烈的腐蚀性，另一些则是普通的燃料，如汽油和煤油。V-2 火箭使用的燃料即由土豆提取的酒精。液体火箭的最大优点是可以随时停机或开机，可以通过阀门调节推力。高比冲的火箭一般在发射过程中使用低温推进剂，而反推力系统助推器在太空中则倾向于使用易燃物助推剂。液体火箭发动机的最大缺点是结构复杂，推进剂在进入燃烧室之前必须加压，阀门要在极端的高温高压环境下工作，喷嘴也需要降温。此外，最关键的是发动机在运转过程中不能出现异常，否则推进剂的“受控燃烧”很可能演变成失控的火灾。除了使用性能不稳的涡轮泵外，有的发动机选择使用氦气瓶将推进剂压入燃烧室。这种方法增加了液体火箭发动机在太空任务中的可靠性，但是同时也增加了运载器的质量。

第三种火箭发动机是混合推进剂火箭发动机，获得“安萨里 X 大奖”的空天飞机“太空飞船一号”使用的就是这种发动机。混合火箭同时使用固体燃料

图 4.3　苏联“暴风雪号”航天飞机和运载火箭“能源号”，与美国航天飞机不同的是，“能源号”使用液体推进剂捆绑式助推器，而非固体火箭助推器

（图片由 http：//www. buran-energia. com 网站提供）

和液体氧化剂，或反过来使用液体燃料和固体氧化剂。通过固液混合使用的方法，发动机可以像液体火箭那样进行调节，同时又保留了固体火箭发动机简单可靠的设计特性。与固体火箭和液体火箭一样，混合发动机如果操作不当同样会很危险。

简单来说，多级火箭就是将一系列较小的火箭堆叠在一起，其中只有顶部需要做成符合空气动力学的尖端形状，后面的各级火箭均是一节节的圆柱体。发射后，每一级火箭依次使用，燃料耗尽后自动分离，从而使剩下的火箭得到更大的速度。多级火箭这一概念使我们可以将常规火箭作为导弹模块来使用，从而大大提高了导弹的有效质量比、射程和速度。轨道空间飞行的实现也得益于多级火箭概念，下一节我们将讲到，多级火箭并不仅仅应用于运载器，同样也能应用于模块化航天飞行。

三、模块化航天器

纵观火箭的发展历程——从过去简单的炮兵武器到今天复杂的航天运载器，它与飞机相比具有以下几个特点：① 无人驾驶的设计；② 可抛弃的部件；③ 模块化的组件。这几个特点是密不可分的，其中的道理很浅显：用来攻击敌人的无人驾驶发射物必须是可抛弃的，特别是有些发射物还会在终点爆炸。模块化组件本身也适合被抛弃，尤其是在提高了发射物的全面性能之后。最初的模块化工艺是增加火箭级数，管式导弹就是这样一节一节连接起来的。多级技术非常适合向近地轨道发射有效载荷，特别是像卫星这样一次性发射的载荷，应当在助推部分完成使命后立即被抛弃。

工程师们由此发现：为了实现总体任务，可以在特定的时间点抛弃特定的组件。于是这种模块化方法很快就被延伸应用到航天器本身。例如，“水星号”飞船的钝头处安装有制动火箭组件，飞船进入大气层前，该组件会耗尽燃料自行抛弃。“双子星号”飞船和“阿波罗号”飞船都各有一个乘员模块（指令舱）和无人驾驶模块（服务舱）。俄罗斯“联盟号”飞船则有三部分：一个轨道舱、一个钟状的降落舱，以及一个无人驾驶的设备和服务舱。

1968 年至 1972 年，阿波罗登月任务得益于模块化组件。在任务当中，每一级火箭或模块在完成指定使命后即被抛弃，宇航员则在剩下的飞船船体中继续工作。对于一次典型的登月任务来说，发射时需要在“土星 5 号”运载火箭上捆绑 8 个航天器组件（包括一个发射逃逸塔），其中只有圆锥形的指令舱能够返回。在 1975 年的阿波罗-联盟试验计划中，美国“阿波罗号”飞船使用了一个对接舱，使自身的指令和服务舱与三模块组合的“联盟号”飞船实现对接（图 4.4）。这次历史性的对接共使用了 6 个模块，其中只有 2 个模块在任务完成后带着宇航员返回地球。

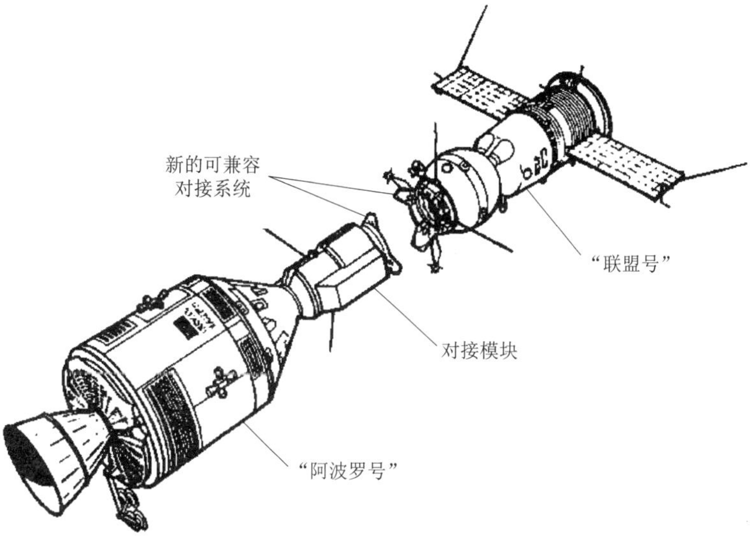

图 4.4　阿波罗-联盟试验项目飞行器示意图，展示了 1975 年 7 月美国和俄罗斯的历史性对接中使用的模块化组件
（图片由美国国家航空航天局提供）

绝大部分的空间站（图 4.5）都包含大量精心设计的模块，它们从不同位置接入空间站。为了在太空中搭建这样的大型结构，只能在地面上建造模块，然后再将它们逐个发射入轨道。唯一的例外是 1973 年发射的“天空实验室”。“天空实验室”是一个可容纳 3 人的大型轨道实验室，基于一级改装过的 S-ⅣB 火箭进行建造，而不是由一个个小型模块搭建而成。“天空实验室”很可能是有史以来人类发射过的最大的单个空间设备。然而，它仍然可以被看作一个巨大的模块，由推力强大的“土星 5 号”运载火箭送入轨道（图 4.6）。

模块化技术普遍应用于太空飞行，这可从多方面进行解释，其中包括有效质量比、政府财政拨款以及实用设计考虑等。现在让我们简单回顾一下阿波罗登月任务，美国国家航空航天局的“2020 年重返月球计划”恰好是对该任务的加强版重现，而且其中的改动并不多。

“土星 5 号”运载火箭的前三级用来将航天器送入近地轨道。火箭的第一级装有 5 个使用煤油和液氧的 F-1 发动机，第二级装有 5 个使用液氢和液氧的 J-2 发动机，第三级只装了 1 个 J-2 发动机。进入近地轨道时，发射逃逸系统

图 4.5 “STS-71”任务中美国航天飞机轨道器与俄罗斯“和平号”空间站对接示意图
（请注意模块化的空间站与非模块化的航天飞机之间的对比）
（图片由美国国家航空航天局提供）

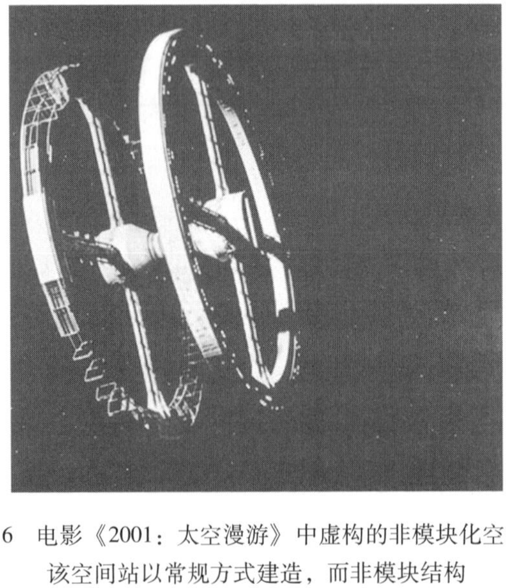

图 4.6 电影《2001：太空漫游》中虚构的非模块化空间站，
该空间站以常规方式建造，而非模块结构
（图片由美国国家航空航天局提供）

（图 4.7）早已被抛弃，但第三级火箭尚未被抛弃，因为此时它依然有足够燃料将航天器推入地月过渡轨道。对所有系统进行相应检查后，第三级火箭将在适当的时间重新点火，将航天器剩下的部分推向月球。此时，航天器开始进行换位和对接行动：指令和服务舱（CSM）从第三级火箭对接口分离并转向，与预先装载的登月舱（LM）进行对接，将其从原来的停泊位抽出（图 4.8）。在进行上述动作的同时，整个组件集合以 40 232 km/h 的速度向远离地球的方向做惯性飞行。抛弃燃料耗尽的第三级火箭后，飞向月球的航天器只剩下 4 个模块：可装载 3 名宇航员的圆锥形指令舱、无人驾驶的圆柱形服务舱、可装载两名宇航员的登月舱上升段，以及带有 4 条细长着陆支架的无人驾驶登月舱下降段。指令舱仅安装了小型助推器。除此之外，接近月球时，服务舱的推进系统发动机开始点火减速，使航天器进入环月轨道。随后，由两名宇航员控制登月舱从指令和服务舱分离。

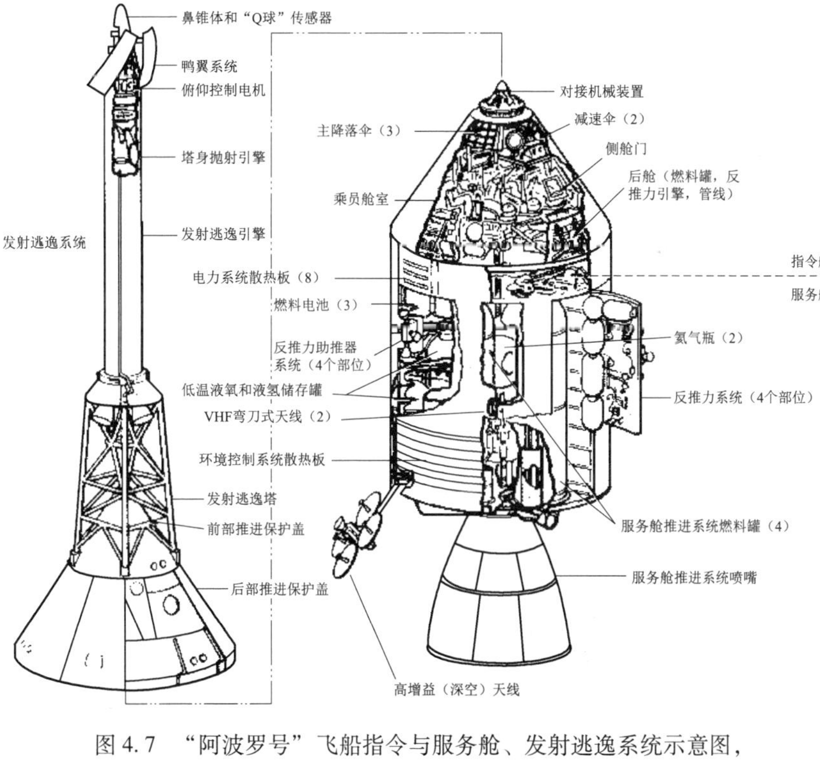

图 4.7　“阿波罗号”飞船指令与服务舱、发射逃逸系统示意图，
其中发射逃逸系统在进入轨道前被抛弃
（图片由美国国家航空航天局提供）

向月面降落的过程由登月舱下降段唯一的发动机来完成，之后，登月舱下降段还将被用作上升段（图 4.9）的发射平台。月球探险完成后，上升段发动机点火，将下降段留在月面。此时两名月球探险者重新回到绕月飞行的指令和服务舱，将自己和采集到的月球岩石转移至指令舱。登月舱上升段在转移完成后即行分离，组合在一起的指令和服务舱随后再次使用服务舱的推进系统返回地球。当航天器以 11 km/s 的速度进入大气层时，圆柱形的服务舱自行脱落，以便载有 3 名宇航员的圆锥形指令舱能够自由、安全地着陆。

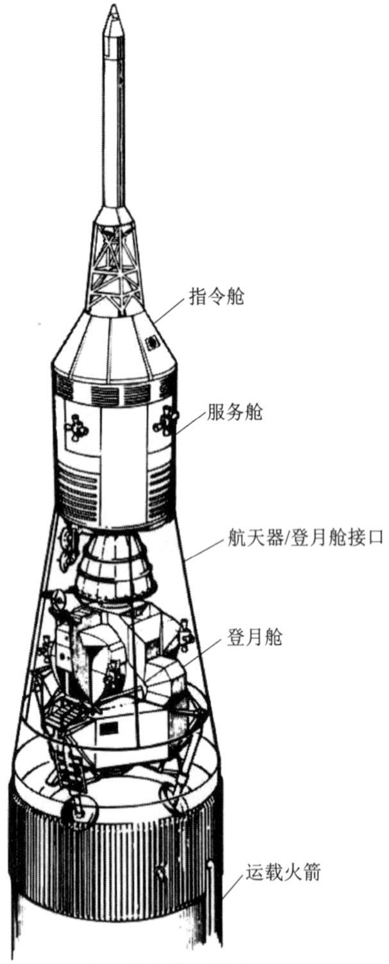

图 4.8　通过该剖面图，可以看到“阿波罗号”飞船和预装载登月舱等模块化组件
（图片由美国国家航空航天局提供）

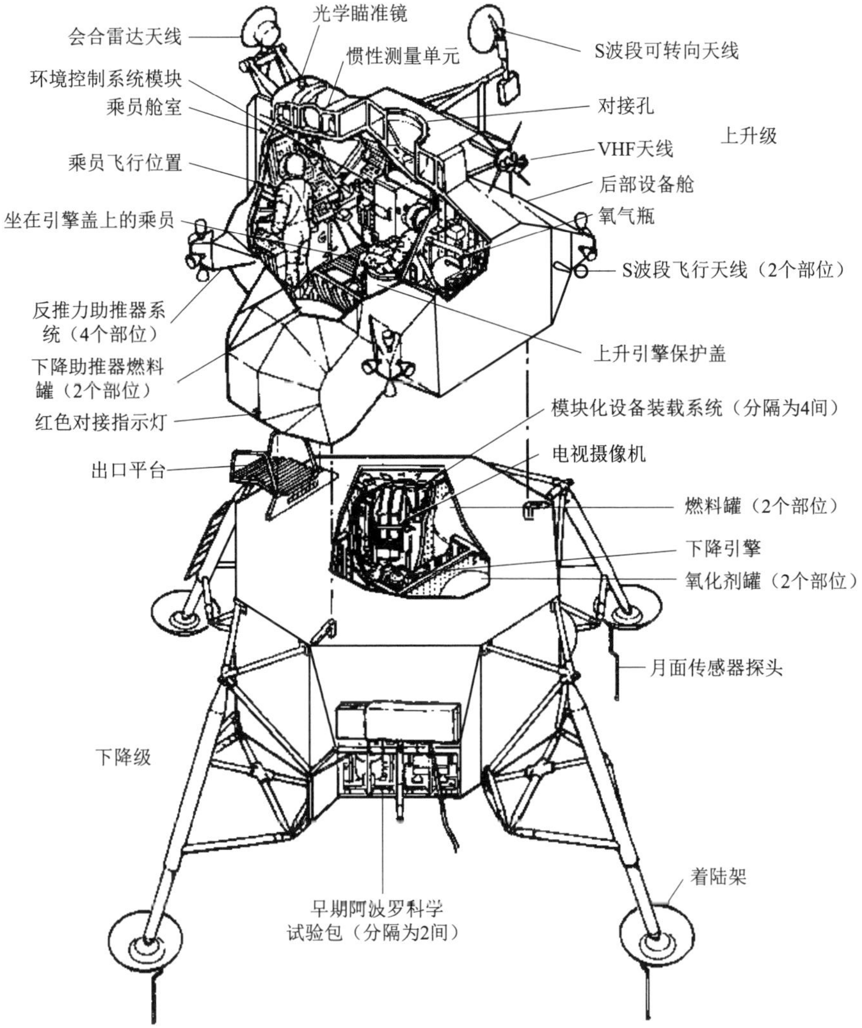

图 4.9　两段式“阿波罗”登月飞行器示意图，包含下降级和上升级，各级都有独立的发动机（图片由美国国家航空航天局提供）

导弹和模块化航天器之间有何关联呢？运载火箭从弹道导弹发展而来，并依靠模块结构进行工作。运载火箭的每一级实际上就是一个模块。同样，每个模块实际上也是一级火箭。相对于其他方法，这种设计思路使太空飞行更加简便，但是同时也大大提高了发射成本，造成了一种恶性循环——成本和对未来更高成本的预期迫使我们大大减少发射计划，发射计划的减少意味着要进一步提高发射的可靠性，提高可靠性需要增加所有组件的复杂性和建造成本，随之再次导致发射频率的降低，从而继续恶性循环下去。

四、火箭 VS 空天飞行器

值得称道的是，如今我们已经发明了火箭，了解其原理，并且具有相当娴熟的发射技术。借助于模块化设计和多级捆绑，火箭以简单直接的方式为我们提供了太空飞行所需的动力。常规运载器的绝大部分飞行载荷呈纵向排列，因此，其结构比较简单。从工程的角度来看，这种设计简单、耐用、轻便，而且十分实用。

弹道助推器的最大缺点是发射时的资源浪费和固有成本高。在每一次发射中，不仅要牺牲运载器，还要牺牲复杂的火箭发动机。在这个过程中，地球大气层仅仅是火箭需要克服的障碍之一，它的自由升力、助推潜能，以及丰富的含氧量都没有得到利用。火箭在每次发射后都会丢掉油箱和发动机，这对于家用汽车来说完全不可想象。

所有常规垂直运载器的致命缺点正是它们的一次性用途。这个缺点直接导致了超高的成本和较低的可靠性。航天业的发射失败率一般在 2% 左右，这个数字对于航空业来说完全不可接受——每天有数百万乘客搭乘飞机，但是空难只是偶然发生，对于一个总飞行时间为 300 h 的私人飞行员来说，2% 的失败率足以让他死上 6 次。弹道运载器的高成本使我们无法像测试可重复利用的航空器那样测试它们，从而降低了它们的可靠性。

弹道运载器的另一个缺点是市场问题。垂直运载行业的订单主要来自少量的卫星发射、星际探测器发射以及载人发射任务。太空游客的数量十分稀少，目前尚不足以影响发射频率或推动运载结构的改进。然而，上述这些问题都将随着空天飞行器的出现而发生改变。

可重复使用的空天飞行器在安全性上远超垂直运载器，它的机翼和起降轮（图 4. 10）使其可以像其他飞机一样进行研发和试验。在此过程中，需要花费数千小时来进行改进，逐渐扩展航天器的飞行包线，逐步发现并纠正内在设计问题。空天飞行器面临的最大挑战是如何提升火箭发动机的性能和可靠性，但是原则上来说这也是可以实现的。可重复使用和因此而提高的飞行频率为研制优质、可靠、相对低廉的航天器提供了坚实的基础。

图 4.10 1992 年，一架 HL-20 空天两用机停放在兰利研究中心的斜坡上，轮翼结构是新型空天飞行器进行可重复试验的关键所在
（图片由美国国家航空航天局提供）

空天飞行器总有一天会全面取代导弹和模块化航天器。这一天的到来可能还需要很长时间，火箭在未来数十年内仍将是进入太空的主要工具，尤其是在载荷运送方面。但是，空天飞行器会在短期之内为普通民众开辟一条进行太空旅游的途径。对于首批太空游客来说，飞上 100 km 的高空、体验数分钟失重感觉的花费大约是 20 万美元/人。这些勇敢的人将是史上首批亚轨道私人航天员。

亚轨道空天飞行器已经成为现实——2004 年，美国缩尺复合体（Scaled Composites）公司研制的“太空飞船一号”在 14 天内完成了两次飞行，因而赢得了安萨里 X 大奖。它的放大版本——“太空飞船二号”现在仍在高度保密的情况下进行建造，很快将进行首次飞行测试。其他公司也在研制自己的空天飞行器：有的公司设想利用“载机”从高空发射空天飞行器，有的公司则计划采取较为简单的跑道起飞方式，从而省去操作独立大型“载机”的花费；有的公司偏好混合火箭发动机；有的公司则选择单独使用液体推进剂；还有一些公司像一个世纪以前的莱特兄弟一样致力于制造自己的发动机。时至今日，这些亚轨道航天器随时都有可能大量涌现，当你读到这本书的时候，说不定它们已经开始定期飞行了。

空天飞行器最大的优点就是它的机翼和起降轮。这种结构意味着可重复使用，而这种可重复使用性则会带来更多的飞行次数、更完善的测试、更低廉的成本，以及更高的可靠性。上述特性又会进一步带来更丰富的飞行经验、更成熟的技术改进、更优良的运载器，甚至再次降低飞行成本。这就形成了一个自持循环，与前文提到的火箭发展的恶性循环正好相反——对高成本的预期导致飞行次数的降低和对可靠性要求的提高，进而造成更高的成本和更少的飞行次数。在不提高飞行频率的情况下艰难地提高可靠性显然不是我们要走的道路。

空天飞行器必将发展成为先进的航天飞行器——设计更加优越，材料更加优良，飞行剖面更加优化。一些表面的缺点也有可能转化为优点，例如推进剂储存罐过大的航天器可以转变为太空加油机。

在传统的火箭科学领域，火箭的负重就像是人身上长了一个 45 kg 的瘤子那样累赘。为了保留“可重复使用”这个重要特性，机翼和起降轮对于空天飞行器来说是必不可少的。因此，从空天飞行器的角度来看，无论在太空中航行多远，机翼和起降轮都绝对不是负重，而是关键的部件。

五、登月空天飞行器

未来发展成熟的空天飞行器将能够从地球上任何一个航天港起飞，进入近地轨道重新加油，然后把乘客和货物运往月球。运输的货物并不限于月球基地所需的补给和散货，还会包括基地日常飞行活动所需的火箭燃料。成熟的空天飞行器将以太空加油机的方式得到完美利用：起初是飞向月球，最终实现从月球出发（图 4.11）。

图 4.11　1997 年，一架无尾翼式 X-36 飞机停放在加州德赖登飞行研究中心的坡道上，未来飞向月亮的空天飞行器会和它相似吗？
（图片由美国国家航空航天局提供）

曾参与“阿波罗 17 号”任务的地质学家哈里森·施密特在他撰写的《重返月球》一书中提到：从月球土壤中提取氦-3 的过程中会产生丰富的其他元素和化合物，包括氦-4、氮、一氧化碳、甲烷，以及“大量的氢”和水。氦-3 在地球上的含量特别稀少，但由于太阳风的作用而在月球上十分常见，这种元素可以用作核聚变反应燃料，从而满足 21 世纪的能源需求。然而，我们不要忘了那些副产品：“大量的氢”——这是世界上最好的火箭燃料；水——既可以饮用，也可以分解为氢和氧，这两者是世界上最好的火箭推进剂组合；甲烷——另一种火箭燃料，还可以作为能源；氮—— 一种惰性元素，可以和氧气混合在一起形成可供呼吸的空气。

现在，一幅图景逐渐在我们面前展开了：登月飞机可以进一步缩小客舱空间，将推进剂储存罐做得更大，然后装满月球火箭推进剂（氦-3 生产中的副产品）。相对于向月球运货的旅程来说，将这些珍贵的液体从月球运往近地轨道只需要消耗很少一部分能源。这是由于地球的引力较大，因此从月球向地球的旅程可以看作“下坡路”。而且，空天飞行器非常适合进行这样的“下坡”旅程，因为它具备一种独特的能力：在地球大气层减速，然后重新返回宇宙空间进入近地停泊轨道。由此，空天飞行器可以将推进剂运送到轨道仓库中，之后再次进入大气层，正式返回原来出发的航天港。

六、飞向火星的空天飞行器?

如果登月空天飞行器在未来成为现实，那么为什么不能飞得更远一些呢？比如火星？毕竟火星有一个勉强像样的大气层，空天飞行器正好可以将之加以利用。

确实，支持空天飞行器飞往月球的论据同样可以用来支持空天飞行器飞往火星，其优势主要在于作为太空加油机的潜力和机翼的可变性。与其他设计类型相比，空天飞行器这种空天两用的设计或机翼结构设计使其用途更加广阔，它可以在进入行星大气层时进行减速，其承受的压力比钝头的太空舱要小得多，这意味着空天飞行器对于乘员来说更加舒适，特别是在进入大气层时。

当然，和其他航天器一样，空天飞行器载人火星旅程的后勤补给十分复杂。为了火星登陆任务的成功，最终方案很可能需要先向火星发射无人的货船，然后再派遣宇航员搭乘小型、轻便、快速的航天器前去登陆。这么一来空天飞行器再次证明了自己：它的成熟性和通用性正好可以满足向火星运送宇航员的需要。

让我们设想一下未来的图景：到了 2040 年，登月飞机已经十分完善，我们对其中的两架进行重新装配，用来执行首次登陆火星的任务。这两架空天飞行器停泊在月球轨道上，物资补给已经基本到位。几艘自动货船已经先期抵达火星，此刻正在“水手号”峡谷边缘的集结区域待命。登陆火星的空天飞行器特别加装了背侧对接环，这样两架飞机可以在过渡轨道上用特殊的延伸支架互相连接。连接在一起的两架飞机可以通过绕重心互相旋转的方式在舱室内模拟火星的重力，乘员之间也可以通过支架互相访问对方的飞机。每一架火星飞机都满载推进剂，用来支持为期两个半月的相对快速的穿越。

当这两架飞机抵达火星时，它们将彼此分离，收回各自的伸缩通道，并在火星的大气中进行减速。它们可能需要在大气中做几个跳跃式飞行动作来逐步降低空速，然后滑行到位于集结区域的着陆场，使用在其腹部特别加装的发动机着陆。火星基地上的自动摄像机将记录下它们抵达的情形：两架星际飞机依次从红色的天空俯冲下来，从高空掠过基地，确认自己的位置后点燃腹部助推器，着陆前最后一次完成机头上扬动作，然后冒着火光缓缓落在火星的尘土上。

上述设想很可能成为前往火星的现实途径——我们将使用空天飞行器而非大型太空舱来完成这一壮举。然而，在梦想照进现实之前，我们必须先建立成形的想法。

5

第五章　飞向亚轨道：空天飞行器的雏形

有些人对空天飞行器（特别是亚轨道空天飞行器）的发展颇有微词，在此笔者想发表一些看法来为它们辩解。虽然它们看起来仿佛是富豪企业家们的太空玩具，是有钱人的发明创造，但是，在真正的宇宙飞船的研制道路上，亚轨道空天飞行器正是最初的尝试。在此谈论的不是只能用来推动着航天器向目的地滑行的简单改装的弹道导弹，而是未来可以在星际间定期穿梭并飞向宇宙更深处的航天器。亚轨道空天飞行器只是空天飞行器的雏形，还不具备那样的能力，因此，需要借助"载机"这个强壮的翅膀来升空飞行。

尽管如此，这种雏形空天飞行器的潜力远超飞机。无论多大、多快、航程多远，飞机永远无法离开地球。几个世纪后，当未来的人们撰写这个时代的历史时，面对今日以弹道发射方式进入太空的做法，他们会觉得那是在迈向可持续太空文明发展的道路上所走的小小弯路。未来空天飞行器能够像今天的飞机离开地面那样频繁地离开地球，能够真正改变人类文明向宇宙深处扩展的进程。

我们已经知道空天飞行器的定义——能够在空间中飞行的飞行器。那么什么是亚轨道呢？就好像潜艇是在水面以下航行的船一样，亚轨道是高度低于航天轨道的轨道，具体来说就是不需要达到轨道速度即可进入的轨道。亚轨道航天器要么飞得太低，要么飞得太慢。如果飞得太低，它将处在大气层的作用之下，很快就会被空气阻力拉下去；如果飞得太慢，就算没有大气阻力它也会被重力拉回地球。亚轨道的顶点或远地点通常在大气层之外，但是在没有足够速度的情况下，轨迹受重力的作用慢慢弯向地面。不过，乘客和飞行员依然可以感受到数分钟的太空飞行体验，其中包括亚轨道自由落体时的失重感、白昼时的漆黑天空、地球的曲面，以及宇宙空间的寂静。在不久的将来，会有成百上千的太空游客来体验亚轨道空间飞行的乐趣。

一、“水星”计划中的“红石”火箭

美国最早的两次载人空间发射任务的主角正是亚轨道飞行器。1961 年 5 月 5 日，美国国家航空航天局宇航员艾伦·B·谢帕德坐在狭小的“水星”飞船里，搭载“红石”火箭从佛罗里达州的海岸向大西洋发射，飞行时间仅仅持续了 15 min 22 s，飞行距离约 486 km（图 5.1）。

图 5.1　1961 年 5 月 5 日，美国第一个进入太空的人——艾伦·B·谢帕德搭乘的“水星红石”火箭发射场景；不到一个月前，世界上第一个进入太空的人——苏联宇航员尤里·加加林于 1961 年 4 月 12 日升空

让我们看看谢帕德经历了些什么，并将其与其他亚轨道飞行做个比较。虽然“红石”火箭携带的推进剂不足以达到 8 km/s 的轨道速度，但它的发动机推力大约是 35.4 t，足以将“水星”飞船加速到 8 336 km/h，这个速度仍低于绕地轨道

所需速度的三分之一。随着推进剂的消耗，火箭质量不断减轻，加速越来越快，从而造成重力加速度逐渐上升。起飞前的重力加速度是正常的 1 *g*，而谢帕德中校在发动机关闭前体验到了 6 *g* 的重力加速度，也就是正常重力加速度的 6 倍。从 187.5 km 的最高点下落时，他和宇宙飞船经历了大约 5 min 的失重。最高点已经超出了 100 km，但是有趣的事情才刚刚开始——当钟状的飞船掉头进入大气层时（图 5.2），由于其升力与阻力之比很低，质量也比先前大大减轻（发射火箭已经被抛弃），因此它减速的时间比先前“红石”火箭为它加速的时间更短。当飞船的钝端转向前方时，因为减速的缘故，宇航员承受的重力加速度高达 11 *g*。所以，宇航员在上升和下降阶段都被重力加速度紧紧地压在座椅上。最终，谢帕德乘坐的飞船打开降落伞，溅落在大西洋上，等待直升机的救捞（图 5.3）。

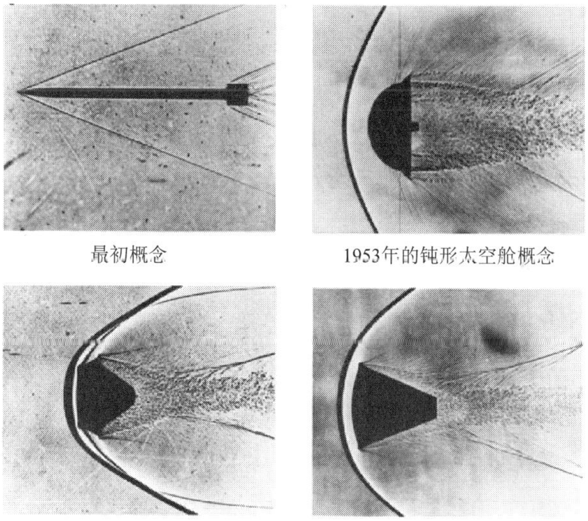

图 5.2 各种形状的再入式航天器投影研究图，图中用弓形线标出了航天器返回大气层时承受的冲击波

同年 7 月 21 日，加斯·格里森完成了另一次类似的飞行，这次达到的高度是 190.4 km，失重时间为 5 min 18 s，在重新进入大气层时宇航员承受了 11.1 *g* 的重力加速度。艾伦·B·谢帕德和加斯·格里森是最早进入太空的两位美国人，也是世界历史上仅有的由弹道导弹发射进入亚轨道空间的人类。同年进入太空的

图 5.3 美国第一位太空人、进入轨道空间的艾伦·谢帕德被直升机从大西洋救起，
1971 年 2 月，谢帕德作为阿波罗 14 号指令长参与登月任务，
成为唯一一位登上月球的“水星计划”宇航员
（图片由美国国家航空航天局提供）

两名苏联宇航员分别是 4 月 12 日升空的尤里·加加林和 8 月 6 日升空的盖尔曼·季托夫。苏联采用的助推火箭的升力更大，让他们直接进入了地球椭圆轨道。还有人曾乘坐其他亚轨道航天器进入太空吗？当然有，他们乘坐的就是一种空天飞行器的雏形——X-15 试验机。

二、北美航空公司 X-15 试验机

1962 年，X-15 火箭动力试验机进行首次亚轨道有翼飞行，此前该机型已经于 1959 年进行了低于太空高度的试飞。虽然 1961 年已经有 4 名宇航员以弹道发射方式进入太空，所用的运载器推力也比 X-15 更大，但 X-15 是有翼航天器，可以重复飞行。此外，与绝大多数飞机不同的是，X-15 装备了能够在大气层以外运转的火箭发动机（图 5.4）。

在大气层之上时，X-15 的机翼无法进行空气动力控制，因此需要安装小型的助推器以便在飞行的最高段保持控制。其中，安装在机翼末端的助推器负责滚转控制，安装在机首的助推器负责俯仰和偏航控制。

图 5.4　一架刚刚降落在爱德华兹空军基地盐湖上的 X-15 试验机，
头顶飞过的是一架 B-52 载机
（图片由美国国家航空航天局提供）

美国空军向在 80 km 以上高空飞行过的 X-15 飞行员颁发了“宇航员”翼形勋章。而美国国家航空航天局则认为飞行高度超过 100 km 的飞行员才能被视为宇航员。X-15 计划所用的飞行员分别来自承包商北美航空公司、美国空军、美国海军以及美国国家航空航天局。由于标准不统一，其中有些飞行员获得了“宇航员”翼形勋章，有些则没有。在获得勋章的飞行员当中，空军上尉乔·恩格尔后来成了美国国家航空航天局的航天飞机驾驶员。而在没有获得勋章的那些人当中有一位仅仅飞到 62 km 高度的平民飞行员，他的名字叫尼尔·阿姆斯特朗（图 5.5）。具有讽刺意义的是，1969 年 7 月，他成了世界上第一个登上月球的人。

图 5.5　1960 年，尼尔·阿姆斯特朗和一架 X-15 试验机合影
（图片由美国国家航空航天局提供）

X-15 是有史以来最重要的火箭动力试验机。和它的前辈们一样，X-15 需要从一架大型载机（经过改装的 B-52 轰炸机）上发射，而且只能搭载 1 名飞行员。X-15 采用的 XLR-99 发动机可以提供 254.08 kN 的推力，它的机翼又短又粗，经试验测出的飞行升限达到了大气层边缘。1959 年至 1968 年，北美航空公司总共制造了 3 架 X-15（图 5.6），共计飞行 199 次。在整个研究计划期间，X-15 先后发生过 3 次坠毁事故，但只有 1 次造成了致命性后果。3 架 X-15 中，1 架曾在降落途中发生故障，但飞行员史考特·克劳斯菲尔德幸免于难；1 架曾在试验台上发生爆炸，驾驶它的飞行员仍然是史考特·克劳斯菲尔德，这一次他又大难不死；第 3 架曾在空中失去控制，高速降落时机身发生翻转，致使飞行员杰克·马凯头盔着地撞在跑道上，随后被困在残骸里长达 4 个小时。神奇的是，这架飞机和飞行员后来都复飞了，又执行了许多次飞行任务（图 5.7）。只有一名飞行员在用电脑控制飞行的尝试中牺牲。当时那架 X-15 飞机刚刚结束从高空以 4 828 km/h 的时速螺旋形俯冲下降，随后飞机突然发生了剧烈的前后俯仰，这导致飞机在空中解体。而它的飞行员——美国空军上校麦克·亚当斯在飞机解体前就已经因为超高的重力加速度而陷入昏迷。由于他的飞行高度已经达到了美国空军认定的太空高度标准——80 km，麦克·亚当斯被追授以“宇航员”翼形勋章。

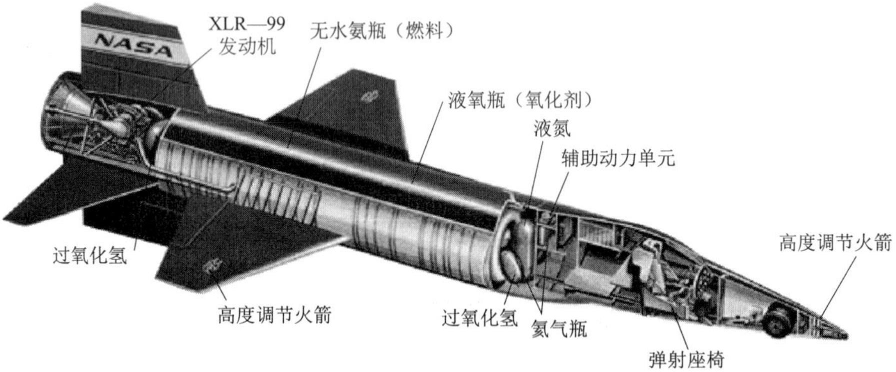

图 5.6　X-15 试验机剖面图，该图展示了 X-15 的内部结构和发动机、推进剂瓶、降落装置，其后降落架是一套可伸缩的滑架

为了让读者理解 X-15 试验机的成功之处，我们将它与后来的航天飞机对比一下：航天飞机执行了 115 次飞行任务后，损失了两架航天飞机和各自搭载的 7

名机组人员。而 X-15 在执行了 119 次飞行任务后只损失了一架飞机和一名飞行员。航天飞机平均一年飞行 6 次，而 X-15 平均一年飞行 22 次。而且，X-15 试验机还为美国国家航空航天局后来的太空载人项目提供了大量参考数据。

X-15 的高空飞行和美国最早的两次载人空间飞行类似。两者的性质都是亚轨道飞行，但彼此孰优孰劣呢？表 5.1 列出了一些数据，包括美国国家航空航天局最早的两次载人空间飞行数据，X-15 在 80 km 以上的高空飞行及其速度最快的 5 次飞行数据。

图 5.7　1962 年 11 月 9 日，X-15 飞行员杰克·马凯在飞机发生多重故障后强行着陆；当时，发动机在还剩 35%燃料时卡死，预定的飞行测试被取消，由于着陆襟翼未能展开，导致着陆速度过快，左侧的降落滑架在触地时损坏，机体因此发生了翻滚
（图片由美国国家航空航天局提供）

表 5.1　“水星”计划“红石”火箭和 X-15 试验机的亚轨道飞行对比

日期	飞行任务代号	最大高度 /km	最大速度 /(km·h^{-1})	飞行员
1961 年 5 月 5 日	MR-3	187.5	8 336	艾伦·谢帕德
1961 年 7 月 21 日	MR-4	190.4	8 368①	加斯·格里森
1961 年 11 月 9 日	X15-45	30.96	6 587	罗伯特·怀特
1962 年 6 月 27 日	X15-59	37.71	6 605	约瑟夫·沃克
1962 年 7 月 17 日	X15-62	95.93	6 167	罗伯特·怀特
1963 年 1 月 17 日	X15-77	82.81	5 917	约瑟夫·沃克

续表

日期	飞行任务代号	最大高度/km	最大速度/(km·h^{-1})	飞行员
1963年6月27日	X15-87	86.87	5 512	罗伯特·拉什沃思
1963年7月19日	X15-90	106.00	5 970	约瑟夫·沃克
1963年8月22日	X15-91	107.95	6 106	约瑟夫·沃克
1963年12月5日	X15-97	30.79	6 466	罗伯特·拉什沃思
1965年6月29日	X15-138	85.52	5 523	乔·恩格
1965年8月10日	X15-143	82.61	5 713	乔·恩格
1965年9月28日	X15-150	90.09	6 006	杰克·马凯
1965年10月14日	X15-153	81.22	5 719	乔·恩格
1966年11月1日	X15-174	93.55	6 035	威廉·丹纳
1966年11月18日	X15-175	30.14	6 840	皮特·奈特
1967年10月3日	X15-188	31.12	7 274	皮特·奈特
1967年10月17日	X15-190	85.50	6 226	皮特·奈特
1967年11月15日	X15-191	81.08	5 745	麦克·亚当斯
1968年8月21日	X15-197	81.53	5 541	威廉·丹纳

① 估算值。

由表5.1可知，迄今为止“红石”火箭只进行了两次载人飞行。“红石”火箭起初是美国陆军红石兵工厂研制的弹道导弹，美国国家航空航天局认为它可以将小型航天器送入亚轨道空间，于是将其改装后应用于“水星”计划。“红石”火箭曾于1961年1月31日搭载“太空猩猩”汉姆（图5.8）执行与谢帕德中校类似的飞行任务。包括该任务在内，“红石”火箭共执行了3次亚轨道飞行任务，每次都要单独使用一枚火箭和一架航天器。3架X-15试验机在9年内通过重复使用总共执行了199次飞行任务，其中在1961年执行了15次任务。

机翼的存在保证了有翼航天器的可重复利用性。只有可重复利用的有翼飞行载具才能多次进行全面广泛的测试，这正是弹道发射太空舱和空天飞行器的根本区别，也是空天飞行器天生就比导弹和模块化航天器更安全的原因。

虽然“红石”火箭是从海平面起飞的，但它在速度和飞行高度方面都轻易

图 5.8　“太空猩猩”汉姆，世界第一只进入太空的黑猩猩，它为美国国家航空航天局的载人探索员开辟了一条道路；与此同时，苏联人选择将一条狗送入太空
（图片由美国国家航空航天局提供）

的超过了 X-15 试验机。弹道导弹天生擅长抛射快速物体。X-15 和“太空飞船号”达到各自的亚轨道最高点时飞行速度都减为零，而“水星”飞船在亚轨道的高度仍然具有相当高的速度。因此“水星”飞船的着陆点距离发射场远达 483 km，谢帕德也因此承受了很高的重力加速度。

1967 年 10 月 3 日，X-15 在第 188 次飞行任务中达到了 7 274 km/h 的最高纪录，比艾伦·谢帕德 6 年前的亚轨道抛射飞行慢了 1 062 km/h。执行此次任务的 X-15 试验机携带了额外的推进剂储存罐，其火箭发动机的燃烧时间长达 140 s 以上，为历次任务之最。然而，速度最快并不意味着飞得最高，创下 X-15 7 274 km/h 非正式纪录的皮特·奈特从没突破过 32 km 的飞行高度，但艾伦·谢帕德的最高飞行高度是 187. 5 km。但是反过来说，尽管弹道导弹在速度和高度方面远胜飞机，但在可重复使用性和可靠性方面却甘拜下风。

X-15 的性能连动力较弱的“红石”火箭都比不上，但是它胜在有机翼，可以重复飞行。可重复飞行才是有翼航天器的真正价值，我们在本书中反复强调这个论点。想要重复飞行就必须要有机翼，空天飞行器有机翼，所以它们能飞，并且可以重复飞行。重复飞行带来更多的飞行经验，从而提高了可靠性和安全性。以 X-15 为例，9 年间从它身上收集的工程数据在后来的航天飞机研发过程中起到了无可比拟的作用。如果没有 X-15 这样可重复使用的、可靠的飞行器，根本无法开展航天飞机研究项目。

需要采取什么步骤才能实现从 X-15 到未来轨道空天飞行器之间的跨越呢?这个问题的答案有很多种，主要取决于我们对未来的憧憬。现在，对空天飞行器的逐步改进已经开始实施，一旦造出更大的空天飞行器，就可以将更多的乘客以更快的速度运送到更高的空间。然而，通向太空的道路既艰难又漫长，在轨飞行的能量主要消耗在速度上，进入轨道飞行所需的能量是抵达空间高度所需能量的 30 倍。

对于运行在距地球 370 km 圆形轨道上的航天器来说，它因高度产生的比能大约是 32 000 000 ft^2/s^2，计算方法是用重力 g 乘以高度 h。如果把 7.62 km/s 的实际轨道速度考虑进去，航天器比能的计算公式就变为（$gh+1/2\,v^2$），数值大约是 344 000 000 ft^2/s^2。从中可以看出，90% 的比能是以动能或“速度”的形式（公式中的 $1/2\,v^2$）存在。“太空飞船一号”在 2004 年 10 月 4 日飞上了 112 km 的高空，但是抵达这个高度时它已经像 X-15 一样失去了所有速度。由于此时速度和动能全部为零，“太空飞船一号”在能量耗尽时的比能就是它在最高点的单位势能，计算公式是 $gh=(32\ \mathrm{ft/s^2})\times[(112\ \mathrm{km})/(0.000\,304\,8\ \mathrm{km/ft})]=11\,700\,000\ \mathrm{ft^2/s^2}$。用第一个数值除以第二个数值，得到 344 000 000/11 700 000 的比例，由此可以看出：达到宇宙高度并进入轨道速度所需的能量大约是仅达到宇宙高度所需能量的 30 倍。这意味着要对空天飞行器进行 30 倍的改进才能使其进入近地轨道。目前的空天飞行器只是比载人探测火箭稍强些。

上述改进需要多久才能实现？对于这个问题，可以先拿莱特飞机的速度和高度做个类比：世界上最早的莱特飞机空速在 16~48 km/h 之间，而 X-1 试验机在 1947 年 10 月突破了声障（约 1 126 km/h），实现这一壮举所需的速度大约是莱特兄弟所能达到的速度的 30 倍，两者中间经历了 44 年的发展历程。由上述可知，370 km 高空轨道上的航天器 90% 的能量都消耗在速度上，因此速度增加就相当于能量增加。如果空天飞行器的发展历程和航空飞机的发展历程一样快，那么第一架轨道空天飞行器有望在 2047 年升空。

三、成本和收益

亚轨道空天飞行器的研发成本并不低，“太空飞船一号”从概念到首飞至少花费了 2 000 万美元，其赢取的 X 大奖奖金只是研发成本的一半。这些高昂成本的真正收益在于：空天飞行器一旦投入日常使用就可以重复执行飞行任务。如果一架空天飞行器可以在数年间执行 100 次飞行任务，那么它的研发成本就可以在这几年间分期还清，单次飞行成本也会比那些只能发射一次的火箭低得多。当然，重复飞行是建立在机翼和起降轮的基础上的，多级火箭、模块化太空舱和钝头再入式飞行器都无法实现这一点。

太空游客会很乐意花大价钱来优先体验太空环境。他们能够为研发越来越好的空天飞行器提供有力的资金支持，保证空天飞行器不断得以改进。随着时间的推移，空天飞行器的能力和安全性将不断提高，最终发展成为先进的单级入轨航天器。通过这种方式，空天飞行器高昂的研发成本将由成千上万的付费乘客分担，而这些乘客实际上也是在为他们自己未来进入太空的安全途径提供资金。这就是真正的收益，只不过这个进程看来需要依靠私有商业公司来实现，而不是依靠政府项目。

四、发射方式

亚轨道空天飞行器该如何发射？显然有两种方法：空中发射和自主发射。空中发射是目前绝大多数高速火箭飞机测试时采取的方式，包括早期的火箭动力 X 系列飞机、美国国家航空航天局的空天两用机以及 X-15。“太空飞船一号”使用空中发射，这可以让空天飞行器从 12 km 或 15 km 的高度“轻装起飞”，并且具有一定的初速，从而在飞行能耗上取得优势。前面已经讲过：一架空天飞行器的总能耗取决于势能和动能的总和，而势能和动能又取决于高度和速度。因此，空中发射的空天飞行器可以比自主发射的飞行器更容易达到空间高度。

从另外一个角度来看，如果空天飞行器未来发展成为成熟的太空交通工具，相比空中发射类型，自主发射的空天飞行器的优势十分明显。打个比方，用了辅助轮的孩子可能最先学会骑自行车，但最终骑得最熟练、最快的还是那些从没用过辅助轮的孩子。眼下，XCOR 航天公司正在独力研发可从跑道起飞的 Xerus 空天飞行器。

五、安全性

航天飞行是危险行业，其危险性在太空阶段、地面阶段和中间阶段都有体现。危险的原因之一是驱动发动机的化学物质很不稳定。太空飞行需要很高的能量，而高能推进剂必然具有不稳定性。为了打造未来的空天飞行器和航天基础设施，我们必须了解火箭和航天器工程历史上所有的事故和事故隐患。这一点至关重要，世界上已经有成卷的著作来专门阐述这个问题。

安全性、简便性和可靠性是互相关联的。操作的简便性会进一步影响空天飞行器的经济性，而只有最经济实惠的空天飞行器才能在市场上生存。以航空工业为榜样，成功的空天飞行器必须采取水平起降，并且使用某种非常可靠的吸气式发动机。这样就可以不依赖“载机”起飞，也不必在跑道上使用火箭发动机（图 5.9）。

图 5.9　1949 年，一架道格拉斯“Skyrocket”飞行器在小型助飞火箭的协助下升空
（图片由美国国家航空航天局提供）

六、旅游市场

理查德·布兰森和他的维珍银河太空船公司已经开始投资建造亚轨道空天飞行器，其由加州莫哈维的缩尺复合体公司提供技术支持，该公司曾经设计建造了“太空飞船一号”。其他公司也正在努力开发亚轨道空天飞行器，包括著名的布里斯托太空船公司和 XCOR 航空公司。布里斯托太空船公司计划将自己的“攀登者”空天飞行器作为二级入轨升空方式的第二级，但“攀登者”自身也能够作为亚轨道空天飞行器来使用，足以将游客送入太空深处。XCOR 航天公司的 Xerus 空天飞行器则被设计成为能够依靠自身动力从跑道起飞并进入亚轨道的机型。该公司的市场定位主要有三方面：① 太空游客；② 微重力试验；③ 需要从大气层边缘推入轨道的小型商业载荷。目前，XCOR 航天公司研制的甲烷燃料火箭发动机已经达到了相当高的操作和安全水平。很明显，在上述三方面中，太空游客将是最大的付费客户。当然，高层大气或微重力试验、需要推入轨道的小型商业载荷也有一定的市场需求，但无法与大量渴望花钱来丰富人生经历的冒险家们相比。研发成熟的空天飞行器需要时间和金钱，太空旅游先行者们对这一点有深刻的理解。空天飞行器的发展将从亚轨道抛射开始，在飞行中人们能体验到数分钟激动人心的加速、失重以及从漆黑的宇宙瞅地球一眼。

眼下，空天飞行器还需要很长时间来发展成为真正称得上先进的空天飞行器（见第 9 章和图 5.10）。它需要的能量是 X-15 和“太空飞船一号”的 30 倍，这一点能实现吗？从 48 km/h 的莱特飞机到时速 1 127 km/h 的 X-1，航空飞机走过了 44 年的发展历程，在速度和能耗上实现了 30 倍的增长，而空天飞行器的发展很可能与此类似。不管怎么说，未来还有很多事情要做，还有许多挑战等待人们去攻克。

图 5.10 “云霄塔（Skylon）”空天飞行器的概念图
（图片由 REL 公司提供）

6

第六章　弹道发射

上一章已经讲过：弹道导弹是为发射物提供足够能量进入太空的最简便工具。弹道发射固然是进入太空最有效、最快捷的途径，它同时也是成本最高的途径。政府主导的太空计划往往使用弹道发射方式，因为它们的资金从来不是问题。这一点在太空时代的前几年尤为明显。此外，政府的太空计划还不用顾忌商业竞争、财务责任和信誉问题。

一、弹道发射的背景

在“冷战”时期，为了抢先登上最后的太空高地，美国和苏联展开了激烈竞争。太空竞赛使人类在短短几年内就取得了惊人的进步，而弹道导弹正是这些伟大成就的基础。让我们对一些重要事件的发展历程做快速回顾，然后再详细介绍几种弹道发射空天飞行器的概念。

1957 年 10 月 4 日，苏联发射了世界上第一颗人造卫星“伴星一号”。这次发射让全世界为之震惊，美国更是措手不及：苏联怎么会抢到西方世界的前面？

第二次世界大战结束后，德国的火箭科学家和 V-2 火箭被运送到了美国和苏联，那时候美苏两边都没有如此先进的发明，因此德国火箭技术备受赞赏。事实上，在后来的太空竞赛中，美苏两边都是从 V-2 火箭起家的。苏联将力量集中在研制重型火箭上，以便运送其沉重的原子弹。而美国的 V-2 研究计划就相对公开化一些，美国的原子弹比苏联的轻便，因此在研制重型火箭方面没有那么足的动力。这导致的结果是：在原子弹研究上的落后反而促成了苏联在重型太空发射器上的领先。“伴星一号”的发射仿佛是发令枪声一般，美苏两国以 V-2 火箭为起跑线，从此开始了激烈的太空竞赛。4 个月过后，美国组装了一颗小型的科学卫星“探索者一号”，于 1958 年 1 月 31 日用一枚木星-C 弹道导弹将其发射到了太空。美国的卫星（图 6.1）很快证明了自己的价值，升空后它发现了著名的范艾伦辐射带。

图 6.1 由左至右：威廉・H・皮克林博士、詹姆斯・A・范艾伦博士和沃纳・冯・布劳恩博士共同举起美国第一枚人造卫星“探索者一号”
（图片由美国国家航空航天局提供）

下一步就是将人类送入太空了。虽然 X-15 试验机从 1959 年就开始试飞，但它从来不是为了达到轨道速度而建造的。将 X-15 这样的航空飞机发展成为羽翼丰满的空天飞行器需要花费数年乃至数十年，而首次载人航天的竞争又如此激烈。因此，要想达到目标，最快、最简便的方法还是通过导弹垂直发射，只不过弹头换成了人而已。

为了能在太空竞赛中取得一席之地，美苏双方都只能依靠弹道导弹，接下来事情的发展就很快了。1961 年，美苏各自将两名宇航员送入了太空，苏联依然在火箭方面占据优势，所以可以直接将宇航员发射到地球轨道。而美国新的“宇宙神（Atlas）”导弹尚未开发完毕，因此只能使用轻型的“红石”火箭来执行“水星”计划的前两次载人飞行任务。

此时，约翰·F·肯尼迪总统加大了竞赛的赌注：他在谢帕德完成亚轨道飞行数周后发表演讲，提出美国将致力于在十年间把人类送上月球。美国人要用 9 年时间一路超越苏联，直奔月球。于是接下来，一系列太空“第一”在短时间内接踵而至。

继第一颗人造卫星（苏联于 1957 年完成）和第一个进入太空的宇航员（苏联于 1961 年完成）之后，人类又实现了首次双人太空飞行（苏联于 1962 年完成）、第一位女宇航员（苏联于 1963 年完成）、第一个太空 3 人机组（苏联于 1964 年完成）、首次在太空使用电脑（美国于 1965 年完成）、首次太空行走（苏联于 1965 年完成）、首次太空变轨（美国于 1965 年完成）、首次太空会合（美国于 1965 年完成）、首次太空对接（美国于 1966 年完成）、首次载人探月发射（美国于 1968 年完成），以及人类首次登月（美国于 1969 年完成）。紧接着又建造了第一座空间站（苏联于 1971 年完成）、第一辆月球车（美国于 1971 年完成），并最终实现了美苏首次联合太空任务（于 1975 年完成）。1981 年 4 月 12 日，尤里·加加林进入太空 20 年后，美国发射了世界上第一架可重复使用的航天飞机（图 6.2）。上述成就的快速实现得益于“冷战”期间的弹道导弹技术，而“冷战”期间的弹道导弹技术直接源于第二次世界大战期间德国的“V-2”计划。

无人航天和载人航天的历史几乎全部建立在弹道导弹技术的基础上。但是，人类早在 1962 年就利用 X-15 试验机进入了亚轨道空间，同时也在研发其他类型的空天飞行器。经过长期不断的发展之后，这些早期空天飞行器为载人航天带来了完全不同的历史。

本章将介绍几种弹道空天飞行器的设计方案，它们使用垂直火箭或火箭发动机将有翼航天器或空天两用飞行器送入太空（图 6.3）。我们将从灵感、目标、

图 6.2　第二次航天飞机发射的航空照片，从图中可以看出上升轨迹的导弹特征；
该照片由第一次航天飞机任务指挥军官约翰·杨拍摄
（图片由美国国家航空航天局提供）

设计等方面进行探讨，解释它们为什么没有成为现实。当然，同样采取弹道发射方式的航天飞机是个例外，它是迄今最成功的空天飞行器设计。下一章将介绍航天飞机的成功和失败之处。

二、动力滑翔机（1957—1963 年）

动力滑翔机的研究差不多是和 X-15 研究项目同时起步的。20 世纪 50 年代后期，该项目被称为"Dyna-Soar"，即"动力滑翔机"的缩写，其代号是 X-20（图 6.4）。该项目的灵感源自德国科学家尤金·桑格最初设计的空天轰炸机，动力滑翔机被设计成一种单人驾驶的轨道空天飞行器，具备在地球任何一点上空实施空袭和侦察的能力。X-20 由弹道导弹进行发射，然后以超声速滑翔的方式返

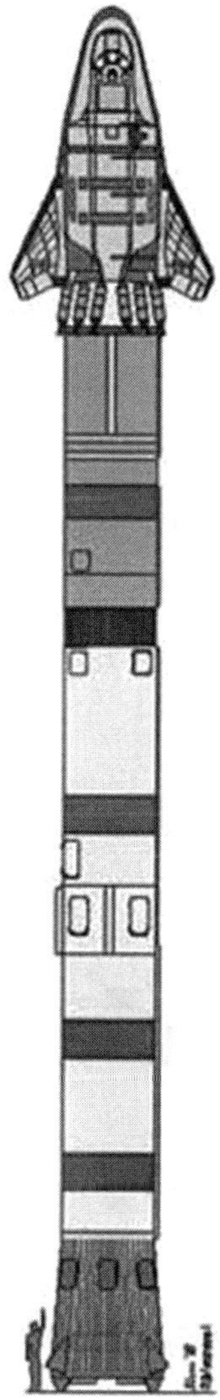

图 6.3　苏联 BOR-4 航天飞机的技术设计图，它被安置在助推火箭顶端，
可以看出诸如动力滑翔机等小型弹道发射空天飞行器的基本发射架构
（图片由 http：//www. buran-engergia. com 网站提供）

回地球，这与航天飞机十分类似。但是与航天飞机不同的是，X-20 的设计更加简洁，其被安置在运载火箭的顶端，就像是站在栖木上的鹰。其运载器是“大力神”Ⅲ型火箭，该型火箭当时由 Dyna-Soar 项目和美国空军载人轨道飞行实验室研发。X-20 的设计理念是进行垂直发射——这种发射方式已经十分成熟，执行

单人侦察任务后再像普通飞机一样飞回来，第二天再次进行发射。不过，研究团队对它的设计目的存在分歧，有的主张将它用作侦察机，有的主张将它用作轨道轰炸机，还有的主张两者兼具。在不同的发展阶段，X-20 都被标榜为贯彻上述每种概念的最佳飞行器，但却从未成为现实，人们只是制造了一些初级的硬件。与能够承载两人的"双子星"计划相比，"Dyna-Soar"项目显得不切实际，因此在 1963 年 12 月 10 日被正式取消。

图 6.4 "动力滑翔机"被设计为单人驾驶的可重复利用空天飞行器，但是出于成本考虑，该项目最终未能实现

（图片由美国国家航空航天博物馆提供）

三、赫尔墨斯（1987—1993 年）

"赫尔墨斯"是欧洲太空局提出的一种有翼、可重复使用的载人空天飞行器方案。1975 年左右，法国提议建造美国航天飞机的缩小版，最终该方案被称为"赫尔墨斯"计划，以希腊神话中的边界、旅行者和发明之神命名。"赫尔墨斯"的最初设计性能是能够运输 6 名宇航员和 4 500 kg 货物进入近地轨道。

"挑战者号"爆炸事故发生后，人们意识到需要为航天飞机增加弹射座椅来增加乘员的安全性。但是，这就必然削弱性能，于是"赫尔墨斯"的设计性能被削减为运输 3 名宇航员和 3 000 kg 货物进入轨道。它的装载发射质量是 21 000 kg，正好是“阿丽亚娜”5 型火箭的能力极限。“赫尔墨斯”还设计了一个资源模块，用来安装辅助系统，辅助系统在进入大气层之前被抛弃，在下一次飞行任务前换装新的资源模块。

然而，20 世纪 90 年代早期，欧洲和俄罗斯共同签署了国际空间站（ISS）计划，降低了欧洲对载人空天飞行器的需要。欧洲乘客可以乘坐俄罗斯的“联盟号”宇宙飞船或美国的航天飞机前往国际空间站。因此，“赫尔墨斯”计划于 1992 年年底就已经停止，在 1993 年被正式取消。

四、希望（1992—2003 年）

20 世纪 90 年代，日本国家空间发展局进行了一项研究，计划在 1999 年使用自己的 H-Ⅱ火箭发射一架小型的无人空天飞行器。这架 H-Ⅱ轨道飞机也被称为“希望（HOPE）”空天飞行器，是一种长为 11 m、质量为 10 000 kg、翼展为 6 m 的弹道发射无人航天器。它的任务是把 1 t 的货物送到美国空间站（后来的国际空间站）。后来设计的“希望-X”无人试验机进一步提高了参数：长 13 m，翼展 9 m，拥有将 3 t 货物送往国际空间站的能力。而最终的设计目标是建造能够搭载 4 人、运送 22 t 货物的“希望”载人空天飞行器。

在最初的设计里，“希望”和它的 H-Ⅱ助推火箭将从种子岛发射中心起飞，降落在另一地点的常规跑道上。和其他空天飞行器的概念一样，“希望”被设计为可操作、可重复使用的航天器。它不携带乘员，而是依靠美国航天飞机向空间站运送宇航员。这架 10 t 重的航天器的任务是向国际空间站日本实验舱运送 1 t 货物，并计划使用当时还在研发中的新型 H-Ⅱ运载火箭。

从一开始，“希望”就不被认为是一种向太空运送货物的高效方式，因为 H-Ⅱ 运载火箭本身就可以轻松将 10 t 载荷送入近地轨道。然而，运货并不是“希望”计划背后唯一的动力，该计划旨在用阶段发展的方式，最终研发出一种能够使用的吸气式发动机，并能够依靠自身动力从地面起飞直达轨道空间的空天飞行器。“希望”的真正价值在于它有潜力从第一代可重复使用航天器发展成为先进的空天飞行器。但是，随着日本国家空间发展局的解散和日本宇航局的建立，“希望”空天飞行器计划于2004年被终止。

五、快船（2004年至今）

作为已经使用了40年之久的“联盟”飞船升级替代计划的一部分，俄罗斯能源火箭航天公司（RKK Energiya）正在研发一种名为“快船”的6人有翼航天器。该航天器能使机体以滑翔姿态进入大气层，从而使乘员承受的重力加速度低于乘坐“联盟”飞船承受的重力加速度。该计划最早于2004年提出，最初的设想是一种带有小型机翼的空天两用飞行器，配有一个“甜甜圈”形的服务舱，服务舱中间设有供乘员出入国际空间站的对接口。整个航天器中，只有前半部分——空天两用部分或有翼部分能返回地球。在最近的设想中，居住和服务舱被设计成名为“渡轮”的太空拖船，由独立的助推火箭单独发射，而“快船”则用自己的发射火箭进入太空，与“渡轮”在轨道上进行对接，然后两者一起与国际空间站会合。一次任务完毕后，“渡轮”将留在太空以便被再次使用，而“快船”则在返回地球后被再次使用。虽然采用了高度模块化的设计，该概念保留了相当高的可重复使用性。然而，2006年俄罗斯政府拒绝为“快船”项目提供资金，该项目从此前途未卜。

2006年7月，俄罗斯和欧洲决定在“联盟”飞船的基础上联合研发一种太空乘客运输系统，这几乎等于宣判了“快船”项目的死刑。不过，能源火箭航天公司依然认为“快船”有望于2012年实现首飞①。

六、为什么无法成功?

上面讲了4种采取弹道发射方式的小型空天飞行器，分别由4个不同的国家设计，但是都没有实现。在上述案例中，要么资金被切断，要么就从来没有得到

① 注：本书的英文原版于2009年出版，故书中一些时间以此为基准。

过资金。上述每一种空天飞行器都由火箭搭载进入太空，然后飞回地球重复使用。既然这些空天飞行器可以重复使用，那么问题究竟出在哪里呢？

“Dyna-Soar”项目被取消，部分原因在于美国国家航空航天局当时正在快速发展“双子星”项目，该项目意在使用“大力神”Ⅱ型火箭运送 2 人进入太空。美国空军为此提供的“大力神”Ⅱ型火箭不需要加装捆绑式固体火箭助推器，但“大力神”Ⅲ型火箭却需要加装。“大力神”Ⅲ型火箭是“Dyna-Soar”项目和美国空军载人轨道实验室项目都计划使用的运载器。为了给载人轨道实验室项目让路，“Dyna-Soar”项目被取消了，但是载人轨道实验室项目也遇到了可怕的预算削减大斧。

欧洲工程师们也在为质量而烦恼。21 t 重的“赫尔墨斯”已是“阿丽亚娜-5”运载器的承受极限，而“赫尔墨斯”的机翼和起降轮、弹射座椅和抛弃式资源模块占据了很大一部分质量，从而不得不削减性能，将 6 名机组人员减为 3 人，将商业载荷从 4.5 t 减为 3.0 t。这种性能削减使投资方不得不重新考虑。

在日本，“希望”最初的设计概念是 10 t 重，但却只能将 1 t 的货物运送到空间站。而 10 t 已是当时正在研发的 H-Ⅱ助推火箭的极限。如果是更重的 22 t 载人空天飞行器，就需要更强大的助推火箭，例如计划中的 H-ⅡD 火箭。

最后是俄罗斯，在拥有商业载荷容量更大的“联盟”飞船和无人操作的“进步”货运飞船之后，资金短缺的俄罗斯政府是不会在小型空天飞行器项目上浪费金钱的。

从上面的案例中可以发现，商业载荷容量和部分可重复使用性是至关重要的。对于安装在弹道导弹顶端的有翼航天器（图 6.5）来说，其机翼、着陆装置、尾翼，以及其他典型的航空飞机特征在发射时都成了无效负重。这些无效负重直接降低了运载器具可向轨道运送的商业载荷。从这一点来说，“双子星-大力神”胜过“Dyna-Soar”项目，“联盟”飞船也优于“快船”项目。此外，与那些被抛掉的部件——巨大的助推火箭相比，这几种空天飞行器的可重复使用部件的尺寸和质量都太小，其可重复使用性就成了无足轻重的优点，无法和成本、商业载荷容量等因素相抗衡。

图 6.5　太空飞行往往要依靠弹道导弹来实现，图为赫尔曼·奥伯持（前坐者）、沃纳·冯·布劳恩（坐于桌上者），以及其他美国陆军弹道导弹局的官员
（图片由美国国家航空航天局提供）

与航天飞机一样，有翼空天飞行器可以进行弹道发射，但是耗资惊人。需要为可重复使用的空天飞行器补给大量的推进剂（无论液体还是固体）才能进行弹道发射。与此相应，这种大型空天飞行器的载荷容量也相对较大，一般在 30 t 左右。但是，其使用的助推器也很庞大。因此，小型弹道发射空天飞行器的设想不太可能成为现实，不过，还有其他进入太空的方法，例如背负式发射入轨。

7

第七章　背负式入轨

在空天飞行器发展的初级阶段，飞行器需要借助大型火箭进行发射。正如飞机在发展过程中采取双层机翼（或三层机翼）设计来增加升力一样（图 7.1）。出于同样的原因，背负式概念是空天飞行器发展的必然趋势。早期飞机的单层机翼无法提供足够的升力，与此类似，现在的空天飞行器想要达到宇宙速度必须由第一级动力来提供升力。

图 7.1　早期的飞机采用多层机翼和气动整流罩来提高性能、减少阻力，图为一架配备了 NACA 整流罩的寇蒂斯“鹰”式飞机
（图片由美国国家航空航天局提供）

上文讲过，提供升力的方法之一是将小型空天飞行器安装在弹道助推器的顶端。还有另一种方法是将有翼轨道器安装在助推级的侧面，或使之骑跨在助推级的背部。该方案有多种实现形式，其中一种就是航天飞机配置，还包括利用有人

返回式助推器来实现整个系统的可重复使用性。这种设计使飞行器既可以水平起飞，也可以被垂直发射。

从性能上来说，21 世纪前十年最先进的飞行器就是背负式空天飞行器，这是空天飞行器发展历程中必不可少的艰难一步。

两级入轨空天飞行器方案有两种实现模式，这两种模式都使用类似飞机的着陆方式，其中一种是垂直起飞水平降落模式（VTHL），另一种是水平起飞水平降落模式（HTHL）。美国的航天飞机即一种部分可重复使用的 VTHL 太空运输系统，面对紧张的预算，美国太空机构做出了妥协，将航天飞机设计为四个主要部件。然而，最佳方案是包含两个部件——有人返回式助推器和有翼轨道器。布里斯托航天公司提出了一种使用 HTHL 模式的两级入轨航天器计划：巨大的助推器和背负式轨道器从航天港的跑道上起飞，使用助推器达到预期的高度和速度，然后轨道器与助推器分离，点燃轨道器的火箭发动机，持续加速直至达到轨道速度。该计划目前还处于论证阶段。截至目前，唯一经过检验的有人背负式空天飞行器就是美国国家航空航天局的航天飞机。

一、航天飞机

美国的航天飞机采用背负式入轨，目前已经过 120 余次的实践验证。前面已经说过，航天飞机代表的是垂直起飞水平降落模式。如果航天飞机安装的是喷气式发动机，那么它就可以像喷气式飞机一样从跑道起飞。俄罗斯的“暴风雪”试验飞行器曾多次展示这种能力，出于水平起飞的目的，它安装的正是喷气式发动机。

航天飞机最初的设计是使用大型的有翼助推器，每次发射后助推器可以飞回卡纳维拉尔角，有人轨道器骑跨在助推器上，和现在的航天飞机一样从发射平台上起飞。当助推器机组人员返回航天港时，轨道器机组人员继续向太空进发。这个最初版本的设计是全部可重复使用的，没有需要抛弃的火箭级和燃料罐。但是出于成本考虑，这种全面可重复使用的设计被否决了，其最终采取的仍是部分可重复使用的设计。然而，具有讽刺意义的是，成本较低的系统在每次发射时都要废弃大量硬件，远比成本较高的系统在发射时废弃的硬件要多。此外，目前采取的这种系统的机体磨损成本也比最初设计方案要高。然而，人员牺牲的成本才是真正的成本。

在20世纪70年代紧随阿波罗登月计划发展起来的航天飞机仍是当今最重要的空天飞行器。尽管曾经损失过两架（包括各自的7人机组），航天飞机还是一直作为可重复使用的有翼航天器为我们提供重型运载服务。国际空间站的31个预定部件中有27个已经由航天飞机运送完毕或计划由航天飞机进行运送。剩下的4个将由俄罗斯火箭进行运送。每次发射任务结束后，航天飞机都能精准地降落在佛罗里达州的肯尼迪航天中心、加利福尼亚州的爱德华空军基地或新墨西哥州的白沙空军基地的跑道上。目前人类构想过的所有空天飞行器方案中，只有航天飞机经实践证明可以定期执行轨道飞行任务。

航天飞机（图7.2）由四个部件组成，在进入太空的途中依次进行分离。其中最大、最重的部件是子弹型附加燃料罐（ET），它用来存储航天飞机主发动机所用的液氢和液氧。燃料罐没有发动机，但却是整个发射组合的结构核心。双三角翼的轨道器和两个巨大的固体火箭助推器紧贴在燃料罐上，两个固体火箭助推器的燃料和氧化剂橡胶化合物可以燃烧两分钟，在升空的初始阶段为整个发射组合提供巨大的推力。助推器一旦点火就无法关闭，在燃料用光后将被抛弃到海中，经回收翻新后可再次使用。抛掉助推器后，航天飞机的三个主发动机使用燃料罐中的液体推进剂继续加速，直至达到轨道速度。燃料罐在推进剂用光后分离，沿弹道轨迹坠落在印度洋或太平洋。轨道器则在滑行到最高点后使用轨道机动系统进入轨道。

通过使用强力的固体火箭助推器、携带可抛弃的燃料罐，航天飞机可以将大型、沉重的硬件设备运入近地轨道。航天飞机非常适合充当向国际空间站运送空间站模块的“太空卡车”，而它的7人机组则为空间站提供了人力资源，确保空间站能够高效、专业地运转。航天飞机机组还担负了哈勃太空望远镜的重要维护工作，其中包括安装矫正透镜。同时，航天飞机还向深空发射了包括“麦哲伦”“尤利西斯”“伽利略”在内的数个探测器。

航天飞机到底有多可靠呢？在120次任务中，其损失了两架轨道器，这意味

图 7.2　1981 年 4 月 12 日，世界上第一架航天飞机“哥伦比亚号”在等待它的首次飞行
（图片由美国国家航空航天局提供）

着 1.7%的失败率，而这个数字也正是无人空间运载器的常见失败率。剩下的几架航天飞机——“发现号”“亚特兰蒂斯号”和“奋进号”原计划在 2010 年国际空间站完成安装后退役，但在那之前它们还将执行大约 20 次任务。如果按照 1.7%的失败率来计算，我们有 33%的可能性（没人希望真的发生）会在这 20 次任务中损失另一架航天飞机。如果真的发生这种不测，航天飞机项目将会立即结束，剩下的两架将永远停飞。而美国的载人航天项目将不得不继续等待，直到 2012—2014 年间“阿瑞斯”火箭和“猎户座”飞船做好发射准备。

对于公众来说，航天飞机是一种适合人乘坐的太空船。虽然损失过两架，它依然被看作可以携带 7 人机组隔几个月飞行一次的安全飞行器。在经历了 1986 年的“挑战者号”事故和 2003 年的“哥伦比亚号”事故后，还剩下 3 架可以进行太空飞行的轨道器。在研究事故之前，细心的读者可能已经发现：航天飞机在四分之一世纪内的飞行次数远远低于 X-15 在 9 年内的飞行次数，平均来算，每架航天飞机两年飞行一次。X-15 总共飞行了 199 次，但是却从没被看成实用的飞行器，它只是一种由专业试飞员驾驶的试验机而已。在 X-15 的飞行员中，有两人（尼尔·阿姆斯特朗和约瑟夫·恩格）后来成了美国国家航空航天局的宇航员。其中，恩格曾经驾驶航天飞机完成了史上唯一一次全手动大气层再入。现在，让我们回顾一下“挑战者号”和“哥伦比亚号”事故，看看我们能从中得到什么教训。

1. “挑战者号”

1986 年 1 月 28 日，“挑战者号”航天飞机在升空 1 min 13 s 后爆炸。7 名机组人员全部牺牲，但他们的生命不会白白付出，因为从这次事故中得到的教训可以帮助我们将未来的空天飞行器制造得更加安全，足以执行百万次的运送任务。就像火箭技术和航空技术的先驱者一样，牺牲在前进的道路上在所难免——只有通过失败才能获得教训，才能得到进步。

“挑战者号”发生了什么？为什么会爆炸？这次事故能够被避免吗？事故调查表明：固体火箭助推器上的一处连接点没有完全密封。该情况由设计上的粗糙和发射前的低温共同造成（图 7.3）。当时，固体火箭助推器上用来密封连接点的一个 O 型圈失效，这导致外泄的热气像喷枪一样直射燃料罐。最终燃料罐被烧穿，液体推进剂被引燃，形成大火球，机组人员完全没有机会逃脱。

固体火箭和液体火箭的工作原理不同。固体火箭点火后，推进剂“颗粒”将由内向外燃烧，固体火箭壳体的内部处在持续高压之下，高温气体通过尾部喷嘴排出，于是产生推力。在“挑战者号”事故中，有一部分气体从失效的密封处排出，最终引燃了旁边燃料罐中的液体推进剂。

“挑战者号”悲剧的直接原因是连接点处设计不当的密封 O 形圈，此外还有低温、通信不良、国家航空航天局不当的管理等其他因素。是否还有其他原因呢？整个系统有没有总体缺陷呢？答案是肯定的。让我们回忆一下最初的航天飞机设计——那种使用可返回式的助推器和有翼轨道器的完全可重复使用两级入轨方案。在该方案里，所有部件都使用液体推进剂。如果国会为最初的方案拨款，那么就不会有固体火箭助推器，也就没有泄漏的连接点，更不会有“挑战者号”这样的悲剧发生。

图 7.3 结冰的发射平台：STS-51-L 发射任务当天上午的低温是“挑战者号”失事的原因之一
（图片由美国国家航空航天局提供）

从“挑战者号”事故中获得的最主要的教训就是不能在载人空天飞行器上使用固体火箭助推器，也应该避免使用捆绑式发射。无论是从安全性还是操作成本方面来说，完全可重复使用都比部分可重复使用更有优势。在“挑战者号”这样的事例中，完全可重复使用的飞行器要安全得多，从长远来看也省钱得多。

2. “哥伦比亚号”

2003 年 2 月 1 日，“哥伦比亚号”航天飞机在再入大气层时解体，此前它刚刚执行了一次成功的微重力和地球研究任务。当时，左翼上有一条被燃料罐脱落的泡沫绝缘体砸出的裂缝，高温气体由此进入机体内，破坏了机体结构，从而使其解体。美国国家航空航天局管理层在“哥伦比亚”号发射前 16 天已经发现该裂缝，但其告知宇航员该裂缝不是问题。

为什么一块脱落的泡沫会造成这么大的损害？令人惊讶的是，比较重的碎片——例如冰造成的损害远比轻飘飘的泡沫要小。这是为什么？当泡沫从燃料罐脱落时，很快就进入了滑流，滑流对它的减速作用要大于密度更大的碎片。而这一切又都发生在有翼轨道器向上加速的过程中，于是泡沫碎片和机翼之间的相对速度变得很大。如果泡沫碎片的密度和质量更大，那么它在滑流中的减速就不会那么明显，与轨道器机体之间的相对速度就会小很多，造成的损害也会小很多。然而，正因为轻飘飘的泡沫碎片被汹涌的气流大幅减速，其与机翼间的相对速度和撞击机翼的动能都大幅增加。因此，轻飘飘的泡沫碎片、垂直发射的方式以及对机翼裂缝危害性的疏忽，共同造成了“哥伦比亚号”航天飞机和机组的损失。

二、获得的教训

前文讲述了“哥伦比亚号”航天飞机事故的直接原因，那么在这次灾难中有没有结构性原因呢？先后两次事故中有没有总体原因呢？这两个问题的答案都是肯定的。像“挑战者号”一样，捆绑式的发射组合是造成泡沫撞击的原因。空天飞行器的垂直发射从来都不是一个好主意，特别是在使用了捆绑式组合之后，这将在主要部件之间造成不良影响。这一点在两次事故的发射过程中都有发生。如果用“墨菲定律”来解释，那就是：如果有东西可能在发射时砸到航天飞机，那它就一定会砸到。这次事故也是促成美国国家航空航天局在“猎户座”飞船上重新应用常规发射结构的主要原因——“猎户座”的乘员舱被安置在“阿瑞斯”火箭顶部，再往上只有一个发射逃逸系统。

空天飞行器设计者从这些事故中能获得的教训有：

（1）在空天飞行器上或空天飞行器附近使用固体火箭助推器；

（2）在空天飞行器周围捆绑大型部件；

（3）采用垂直发射；

（4）采取完全可重复使用的设计。

我们要感谢这 14 名勇敢的宇航员，为了得到这几条简单的原则，他们在原始的空天飞行器上献出了生命。第二条原则看起来好像否定了一切背负式空天飞行器。有翼的 HTHL 模式助推器也可以被看成捆绑在空天飞行器周围的“大型部件”。的确如此，在作者看来，背负式空天飞行器远不完美。

从原则上来讲，航天飞机能够直接从波音 747 载机上起飞，但是要在机体内携带推进剂，或者在侧面安装小型燃料罐。而这些附加的重量将给波音 747 带来沉重的负担，航天飞机很可能在耗光了燃料后还是进入不了轨道。同时，它的载荷容量也将大大降低，很可能降低成为单人载人飞行器。

背负式方案带来的后勤需求同样十分巨大。航天飞机每次降落后都需要以背负式方式将其运回卡纳维拉尔角（图 7.4），而纳税人为此要多付出 100 万美元。运输的第一步是用“结合-分离”设备将航天飞机小心地提升到波音 747 背部，紧密固定后再小心翼翼地进行跨越全国的飞行——在飞行过程中要采取一系列跃升动作，以避免各种危险。在运输过程中要严格避免空中交通拥堵和恶劣天气。如果波音 747 带着价值数十亿美元的轨道器一起坠毁无疑将是一件大丑闻。

图 7.4　2007 年 7 月 1 日，一架波音 747 载机带着“亚特兰蒂斯号”航天飞机离开加州爱德华兹空军基地

（图片由美国国家航空航天局提供）

在设计未来的两级入轨 HTHL 模式空天飞行器时——例如英国布里斯托航天公司看好的那些设计—— 一定要考虑到上述因素。这种设计思路带来的技术、后勤和资金挑战非常巨大。首先，为了开发能从跑道起飞的实用两级入轨空天飞行器，必须设计和制造两种不同的飞行器。这就增加了工程的难度、成本和风险。此外，还需要把高效的操作方式结合起来。助推级不仅要承担自身的质量和

推进剂的质量，还要承担满装满载的背负飞机。如果不投入巨大的人力和资金，背负式方案很难在不远的将来实现。为此，还需仔细研究布里斯托航天公司的空天飞行器设计方案，因为它是一种原则上可行的方案。不过，在此之前需要先了解一下与“暴风雪”相关的故事。

如果在这里不提一下苏联版本的航天飞机那就太偏心了，毕竟它采取的也是背负式入轨。“暴风雪”（俄语为“Buran”）只在 1988 年 11 月 15 日飞行过一次，正好在柏林墙——铁幕的混凝土象征倒塌的前一年。

乍一看，“暴风雪”发射组合和美国航天飞机出奇地相像，有着类似的燃料罐和捆绑式助推器（图 7.5）。但这也正是它们两者之间的不同之处。“暴风雪”航天飞机使用的运载器其实是“能源号”液体火箭。与美国航天飞机不同，“暴风雪”的主发动机不在轨道器尾部，而在“能源号”火箭的底部。同时，“暴风雪”的捆绑式助推器使用的是液体推进剂，而非美国航天飞机使用的固体推进剂。第三点不同在于“暴风雪”当时预定要安装内置式涡轮喷气发动机，这意味着它可以在着陆后重飞，从而不依靠背负式运输（图 7.6）。最后，“暴风雪”可以进行无人全自动飞行，它唯一的一次飞行经历就是无人模式，这架苏联空天飞行器在环绕地球两圈后成功完成了自动降落。

图 7.5 利用背负式运输前往发射平台的“暴风雪”航天飞机，该机被安置在“能源号”火箭上方；俄罗斯的火箭在竖立在发射台上之前可以进行水平运输

（图片由 http：//www. buran-energia. com 网站提供）

图 7.6 被安置在安东诺夫运输机顶部的“暴风雪”航天飞机，虽然“暴风雪”可以安装自己的喷气发动机，但仍经常使用背负式运输方法
（图片由 www. buran-eneria. com 网站提供）

不幸的是，资金缺乏造成了“暴风雪”不可避免的消亡。“暴风雪”不仅机体没有完成——之所以进行无人发射就是因为其环境控制系统尚不完整，连存放设施都不完备——2002 年 5 月 12 日，存放“暴风雪”的机库发生塌方，这架航天飞机从此被毁。就像缔造它的帝国以及柏林墙一样，“暴风雪”最终迎来了一个不光彩的结局。

三、“攀登者”

布里斯托航天公司的首席执行官大卫·阿什福德将该公司的空天飞行器命名为“攀登者”。该飞行器主要用于太空旅游，最初的设计方案是利用自身动力升空，冲上 100 km 高空后再降落在原来起飞的跑道上。机上乘客可以在火箭发动机停车到空天飞行器再入大气层之间体验数分钟的失重感觉。这一段是整个航迹中的自由落体部分，其中包括向最高点滑行的一小段距离，以及随后向大气层的俯冲。太空游客将很乐意花大价钱进行这种体验。同时这也是世界上其他公司正在开发的发射方案。其最初的目标高度都是 100 km，因为这是国际公认的空间界限。任何突破了这个界限的人都可以名正言顺地称自己为宇航员。

四、“太空马车”和“太空巴士”

一旦“攀登者”在亚轨道飞行上取得成功，布里斯托航天公司和其他公司将会推出更远大的计划——将乘客直接送上轨道。而这正是背负式发射可以发挥的作用（图 7.7）。在“太空马车”方案中，大型有翼助推器将背负着 6 人的“太空马车”从布里斯托公司的宇航中心起飞，助推器像“协和号”飞机一样，无法进入太空，但是它却可以用 4 个涡轮喷气发动机将“太空马车”加速到马赫数 2，再用 2 个火箭发动机将其加速到马赫数 4。此时，“太空马车”轨道器从助推器分离，在助推器返回宇航中心的同时启动轨道器的火箭发动机。轨道器可以携带 2 名机组人员，同时还有一个可以容纳 6 名乘客或空间站人员，或 750 kg 货物的舱室。“太空马车”具有钝头后掠式形状，这是因为在太空飞行时不需要考虑流体力学，却需要在再入大气时考虑降温因素。轨道器可以在大气层之上以

图 7.7　运输载机以水平起飞的方式充当助推器，给背负的航天器提供升力；“太空马车”的设计更富有流线型

（图片由美国国家航空航天局提供）

1. 2 km/s 的速度运行，因此能够轻松地进入轨道。“太空马车”还可以将乘客运送到轨道上的旅馆，这种旅馆很可能会采用比奇洛航空公司的充气式设计方案。

“太空巴士”则是“太空马车”的放大版。它使用涡轮冲压喷气发动机将 88 m 长的助推器加速到马赫数 4，然后由两个火箭发动机共同将背负式负载加速到马赫数 6，此时两者分离。其轨道器长 34 m、翼展为 21 m，可容纳 50 名乘客，以及 5. 4 t 的商业载荷。

8

第八章　先进的推进系统

航空业的发展总是与推进系统技术的发展紧密结合。更先进、更高效的发动机使飞机不仅具备更快的航速或更大的航程，同时也使飞机消耗更少的燃料。对更高效率的持续需求也扩展至航天领域。以前，太空运载器携带所有的推进剂，依靠分级原理进入轨道。航天器在发射时总是埋怨大气，因为它是讨厌的障碍，需要尽快被穿越，而在返程时航天器又要感谢空气的免费阻力。如果离开了地球周围所围绕的空气，载人航天飞行将会异常困难，因为所有返回的航天器必须携带足够的推进剂用于减速，正如其首先要携带足够的燃料加速飞向太空一样。

很显然，成功的航天飞行是从穿越大气层开始。基于这一点，让我们来了解一下先进的推进系统的概念。

一、塞式火箭发动机

在单纯以火箭为动力的推进系统中，塞式火箭发动机提供了主要动力(epitome of efficiency)。火箭发动机不直接使用大气，能够在局部气压条件下（包括在零压力的太空）有效运作。塞式火箭发动机不像火箭，从本质上讲，塞式火箭发动机是内部结构外露的火箭。在塞式火箭发动机中，线型或圆形的斜面代替了熟悉的钟形喷嘴，沿着斜面或斜面周围分布着一些小型推力装置，其释放的热气从斜面排出。或者使用圆环形的燃烧室，圆形裂缝被用作环形喷嘴。排放的气体在斜坡邻近区域扩散，并向地面至真空空间的区域提供最优的“高度补偿”。被排放的气体可在斜坡和周围大气中扩散，而不是完全在固定的喷嘴中扩散。斜坡代替喷嘴壁，为火箭排放气体产生推力提供了条件。从本质上来讲，传统的钟形喷嘴在实际环境中，要么过度膨胀，要么膨胀不足，但是塞式火箭发动机内部结构外露的斜面设计保证了在所有时间火箭排放的气体达到最佳膨胀状态。因此，无论火箭位于海平面或位于真空环境，周围压力能够产生持续的高度补偿及最高效率。因此，塞式火箭发动机的推力可持续 430 s 或更久，远优于传统的发动机。传统发动机的推力仅可持续 350 s 左右（图 8.1）。

图 8.1　SR-71“黑鸟”飞行试验线型塞式火箭发动机
（图片由美国国家航空航天局提供）

由于塞式火箭发动机具备更高的效率，所以 X-33 测试平台及其继任者“冒险星”运载火箭都曾使用塞式火箭发动机。“冒险星”将成为世界上首个单级入轨的运载火箭，像航天飞机似地垂直发射，无需外挂燃料箱或捆绑固体火箭推进燃料，仅靠内置液体燃料发射升空，然后像航天飞机一样降落在跑道上。“冒险星”将成为可重复使用的、单级入轨的航天飞行器。

二、冲压发动机和超燃冲压发动机

冲压发动机没有活动组件，由中空管组成，包括进气口、带有燃料喷射器的燃烧室和排气喷嘴。冲压发动机无法在空速为零的时候产生推力，所以装备该类型发动机的航天器无法依靠自身的动力滑行或起飞，因此，在冲压发动机启动前，必须采取其他方式使飞行器加速至飞行速度，因为达到一定的飞行速度才能产生冲压空气（图 8.2）。

图 8.2 使用冲压发动机的导弹圆柱状结构
（图片由美国国家航空航天局提供）

冲压发动机主要是为亚声速、低超声速或高超声速（速度达马赫数 5）的飞行器设计的。这三种设计各自独立，相不交叠。其主要区别是进气口和喷嘴结构不同，这取决于飞行器的速度。当冲压空气进入进气口时，通过扩散截面，使高速气流速度降低，并进行压缩，产生亚声速压力屏障。即使飞行器本身以超声速的速度飞行，冲压发动机内部气流的速度也通常是亚声速的。高压力的燃料注入燃烧室并在燃烧室燃烧，产生的热气通过喷嘴加速。冲压空气压力屏障使热气能够沿正确的方向排放。喷嘴前端的火焰稳定器使燃料持续充分地燃烧。冲压发动机的优点在于其结构简单、性能可靠、运行速度快。更为重要的是，冲压发动机不需要机载氧化剂，这是通常所有运载器中最重的部分。冲压发动机的缺点是如果需要达到更高的运转速度，则必须依靠其他方式对其进行加速，以便发动机启动（图 8.3）。

超燃冲压发动机无法依靠自身的动力从跑道起飞。事实上，在超燃冲压发动机中，进入的气流在通过燃烧室时仍保持超声速状态，从而可使飞行器达到更高的飞行速度（可达马赫数 15），同时将空气作为氧化剂和推进剂。同冲压发动机一样，超燃冲压发动机必须加速至一定的速度，大约为马赫数 5 时才能启动。冲压发动机和超燃冲压发动机都不能进行自我加速，因为其推重比相对较低，并在

图 8.3　冲压发动机技术并不是一项新技术，图为诺斯洛普 P-61“黑寡妇”测试亚声速冲压发动机

（图片由美国国家航空航天局提供）

高速运转时产生较大的阻力。单纯的火箭推重比约为 60，而冲压发动机和超燃冲压发动机的推重比为 2 或 3。这表明，与冲压发动机和超燃冲压发动机相比，火箭能够更好地将飞行器的对地速度提升至航天飞行速度，从 0 提升至马赫数 25。同时，冲压发动机只能在大气层内工作，而火箭在大气层内外均可工作。

亚声速或超燃冲压发动机能否用于未来高级的空天飞行器？这主要取决于是否能高效能地实现入轨。这意味着要尽可能减少阻力和重力造成的能量损失。弹道火箭通过垂直发射以及尽可能快速地穿越大气层，将阻力减至最小。弹道火箭通过尽快提升至轨道速度，以最大限度地减小重力的负面影响。航天飞机从发射台至抵达轨道仅需 8 min30 s。航天飞机通过垂直发射并在最大动压点瞬间降低主发动机的速度来最大限度地减小阻力，以便在推进剂消耗完之前尽可能快速地进入理想的轨道，以此最大限度地减轻失重。如果航天飞机在大部分的飞行中使其液体发动机低速运转，则将燃烧更长一段时间，但在燃烧过程中，地心引力将使航天飞机进入较低的轨道。航天飞机是否能够进入预计的轨道，以及航天飞机终究进入哪条轨道，都由重力造成的能量损失来决定。如果轨道在大气层内，能量衰减很快，航天飞机则会比计划提早返回地球。

依靠超燃冲压发动机的航天器如何最大限度地减小阻力与失重呢？超燃冲压发动机阻力巨大，不能像火箭那样快速加速。但冲压发动机不需携带氧化剂抵消了这一劣势。此外，冲压发动机使用大气作为主要的推进剂。按质量计算，空气中氧气的含量为 23.1%，氮气的含量为 75.1%，但氮气不参与燃烧过程。这是冲压发动机的一大特点，即使用氮气丰富的大气作为推进剂。这从某种程度上抵消了空气阻力的缺陷，因为冲压发动机飞行器只需携带燃料。失重也不再是问题，因为冲压发动机可集成在升力体内。气动升力本身抵消了地心引力。只要航天器能够产生升力，失重就会彻底消失。像任何航天器一样，产生升力的同时也会产生阻力。超声速阻力是不可忽略的一个因素。虽然在某种程度上阻力与空气密度成反比，但阻力随着速度的升高而快速上升。速度因素的影响比空气密度的影响更大，即使在高空也是如此。阻力导致（发动机）性能降低并产生巨大的热量。

超燃冲压发动机是为在高空大气层（30 km 或以上高度）作业所设计的。如果离开了空气，发动机将无法工作；如果没有达到一定的速度，发动机也无法工作，这些都是超燃冲压发动机最大的缺陷。其最大的优势在于能够使用大气作为氧气来源，并能在超声速状态下将大气作为推进剂，能够为飞行器提供升力。但这也带来了一系列新的问题，包括阻力、过度的热负荷以及寻找新的材料和设计方案解决这些问题等。从这方面来讲，超燃冲压发动机的构造将会更复杂，因为必须采用综合的方法和复合材料使飞行器不被熔化。所采取的方式包括使用高级材料，以及采取主动式冷却措施，例如使低温推进剂在飞行器的外壳中循环。

综上所述，超燃冲压发动机能够在高速和高空的环境中工作，未来可用于先进的超声速客机，但在空天飞行器中的应用前景仍存在争论。如果冲压发动机用于未来的空间飞行器，进入空间的飞行将包括以下 4 个阶段：① 由非冲压发动机助推器进行初始加速，加速至冲压发动机运转的速度；② 冲压发动机加速至超燃冲压发动机的运作速度；③ 超燃冲压发动机在大气层顶端加速至马赫数 15；④ 火箭加速至轨道速度。操作的复杂性以及在克服阻力和减轻热力载荷等设计方面（design challenges of high drag）的挑战，使以冲压发动机为动力的空天飞行器的发展显得野心勃勃，其也必然产生高额的费用。在先进的空天飞行器设计方面，将各种方法和技术进行比较是一种富有成效的做法。现在，让我们来了解一下关于先进的冲压发动机技术的两个例子，看看它们能带来什么启示。

三、东方快车：X-30

20 世纪 80 年代末 90 年代初，美国积极探索以综合超燃冲压发动机为动力的航天器进入轨道的方法。X-30 研究机应运而生，也被称作“国家航天飞机”。X-30 借助综合性推进系统使其能够在大气层内以高超声速飞行。

X-30 的研发动力来自两方面：如果技术成熟，X-30 将不仅充当高超声速客机的原型机，也将充当单级入轨的航天飞机。作为一架客机，X-30 将成为现代版的东方快车，能够大幅减少各大城市之间的飞行次数。东方快车借助其综合超燃冲压发动机以及氢燃料，以高超声速升入高层大气层，速度在马赫数 10~15 之间。铲形的进气孔将产生大型冲击波，在气流进入燃烧室之前对其进行压缩。同样的，机体尾部及喷嘴将燃气排放至机体后部。X-30 研究机被称作“乘波”飞行器，能够依靠自身压缩的冲击波有效飞行，就像海滩上的冲浪运动员。压缩的升力使 X-30 在飞行时能够产生更大的升力，同时减小了阻力。X-30 研究机采用升力体机体设计，能够承受 980℃~1 649℃的高温。由于在研发耐高温材料时花费巨大，该项目于 1993 年终止。

四、X-43 高超声速飞行器

国家航天飞机项目于 1993 年终止后，研究人员认为，一种缩小的测试航天器可以控制成本。航天器上不配备飞行员，可以节约人力成本。测试的数据对有人驾驶航天器的最终研发也将具有重要价值。由此产生了 Hyper-X 项目和 X-43 高超声速飞行器。

美国国家航空航天局研发的 X-43 是用来研究超燃冲压发动机的无人驾驶试验机。X-43 长 3.66 m，质量为 1 361 kg，仅携带 9.9 kg 的氢燃料。X-43 高超声速飞行器吸入空气，所以不需要携带氧化剂。B-52 载机和 1 枚空中发射的火箭将 X-43 高超声速飞行器带入高空，并推进其到飞行所需的速度。美国共研制了 3 架 X-43 高超声速飞行器，并进行了 3 次测试，耗资 2.3 亿美元。2001 年 6 月，X-43 高超声速飞行器进行首次试飞，由于“飞马座”助推火箭在跨声速高空失去控制，不得不将其摧毁。第 2 次试飞是在 2004 年 3 月，“飞马座”助推火箭将 X-43 加速至作业所需的速度。此次飞行中，X-43 飞行器飞行了大约 10 秒，达到了马赫数 6.83。此时，X-43 高超声速飞行器变成了一架高超声速滑翔机，不断收集气动数据，然后逐渐减速并坠落。X-43 飞行器最终坠入太平洋。第 3 次飞行测试发生在 2004 年 11 月，测试的目标是使改进型的 X-43 的飞行速度达到马赫数 10。这次飞行也取得了成功，X-43 在 33 km 的高空速度达到马赫数 9.68，最终坠入太平洋。在其中的 2 次飞行试验中，“飞马座”火箭将 Hyper-X 飞行器助推至其飞行的速度和高度。测试仅验证了超燃冲压发动机在上述飞行速度下的运行情况，没有进行任何自我加速。坠落太平洋也是计划的一部分。X-43 高超声速飞行器没有安装着陆装置或漂浮装置，所以不能被回收。测试是在公海进行的，以确保陆地上人员的安全。

飞行速度达到马赫数 6.83 时，X-43 的表面温度达 1 427℃，因此这架双垂直尾翼的飞行器使用了碳-碳复合材料。在第 2 次飞行测试中，其飞行速度接近马赫数 10，机头的温度可达 1 982℃。由于在两次成功的飞行中，飞行器都坠入了大海而没有被回收，因此无法检测飞行器在高速飞行时所承受的热力效应。换言之，无法知道 X-43 在多高的温度会熔化。然而，X-43 测试项目被认为是成功的，它证明了超燃冲压发动机可以在高层大气中以高超声速运行。

五、吸气增强式火箭

冲压火箭发动机是在类似冲压发动机管中安装小型火箭发动机，可以进一步压缩冲压空气，然后由火箭加速。这比单独使用冲压发动机更加有效，能使传统火箭的推力增加 2 倍，并将发射器的质量减轻一半。相比单独使用冲压发动机或火箭发动机，冲压火箭发动机能够提高燃料效率。1965 年，苏联开始研制的 Gnom 多级洲际弹道导弹，质量为 30 t，可从移动平台上发射。吸气增强式火箭的第 2 级使用固体推进剂火箭，比冲达 550 s，是单纯使用火箭作为推动系统的 2 倍。其使用 300 kg 固体推进剂，Gnom 的冲压空气的点火速度可达 1 km/s。最终设计的运载火箭的质量为 29 t，弹头质量为 535 kg，射程为 11 000 km。吸气增强式火箭的冲压气流达 1 200 kg/s，能在 1 分钟内使导弹速度从马赫数 1.77 上升至马赫数 5.5，然后将接着推送 2 级固体火箭。吸气增强式火箭的最大优势在于能够将整个发射质量减少一半。1962 年，马丁公司计算得出，在载荷固定的情况下，吸气增强式火箭能够将发射质量减少 56%。

六、空中推进剂加装

如果不能从大气中获取氧化剂，是否有其他方法使航天器在不携带氧化剂的情况下从地面起飞呢？一种简单的方式就是空中加油（图 8.4）。军用飞机通常采用空中加油，其大大地扩展了飞机的航程并提升了其能力。空中加油技术未来将会用于空天飞行器。按照此项计划，1 架空中加油机将向空天飞行器运输液体氧化剂。该技术称作空中推进剂传输（APT）。

图 8.4　KC-135 型加油机为 F-22 战斗机加油，空中加油是一项成熟的技术

20 世纪 90 年代中期，美国空军研制的单座航天飞机“黑马”就使用了空中推进剂传输技术。“黑马”与 F-16 战斗机大小相当，从常规跑道起飞，从 KC-135 或 KC-17 加油机接收氧化剂，然后从 13 km 的空中急速升入太空。“黑马”以航空煤油为燃料，以过氧化氢为氧化剂。“黑马”被称作“一级半”的轨道航行器，因为它借助了空中加油机的帮助。研究表明，此类航天器是切实可行的。

另一种技术是将大气液化并存储在推进剂箱中，然后点火进入轨道。“怪兽”航天飞机在其空气收集与浓缩系统（ACES）中使用了该技术。航天飞机从地面起飞时不携带任何氧化剂，这将减轻起飞时起落装置及其组件的载荷。然后，航天飞机以亚声速飞行至一定高度，逐渐将液化空气充进氧化剂箱。在此阶段，航天飞机像普通飞机一样飞行，只产生能够克服阻力的推力。在此阶段需要较高的亚声速升阻比，因为在氧化剂箱被填充的过程中，航天飞机变得越来越重。合适的升阻比有助于航天飞机保持良好的效率。在大约 15 km 的高度，当氧化剂箱装满液化空气时，航天飞机的速度提升至轨道速度。

七、液体空气循环发动机

使用空气作为氧化剂的发动机通常是将空气液化，并使用液化氢等低温燃料，将吸入飞行器中的空气迅速冷却成液体。然后，液化空气可同机载氢气一起被注入燃烧室，用于推动航天器，飞行器速度可达马赫数 6~7。

液体空气循环发动机技术的缺点在于需要重型的凝汽设备，并且只能在大气层内使用。此外，与其他吸气式的发动机相比，液体空气循环发动需要消耗更多的燃料。具体原因很复杂，涉及窄点温差、蒸发潜热、氢裂等因素。液体空气循环发动机能够使比冲达到 800 s，单纯的火箭发动机的比冲为 400 s，传统的亚声速吸气式涡轮喷气发动机的比冲为 10 000 s。

八、涡轮火箭发动机

未来的火箭发动机将与涡轮机械进行组合，以便在上升至轨道时能够利用大气。涡轮喷气发动机的一大优势是能够产生巨大的静推力。因此，装备了涡轮喷气发动机的空天飞行器能够轻松地在航天港滑行，并依靠自身动力降落。涡轮喷气发动机是巨大的真空吸尘器，吸入周围大量的空气，然后对空气进行压缩，并将其与燃料进行混合。热气从发动机尾部（通常通过亚声速喷嘴）喷出，然后产生推力。涡轮喷气发动机的比冲可达 10 000 s，这一数值随着速度的下降逐渐减小。

涡轮风扇发动机前部有一个宽大的截面积，可将周围的空气输送到压缩机周围，使其与排出的气体混合产生额外的推力。

在涡轮冲压喷气发动机中，涡轮喷气发动机的安装在冲压发动机的内部，因此，组合发动机能够在冲压发动机的速度范围内工作。由于增加了涡轮喷气发动机的质量，冲压发动机的效率会降低，因为涡轮喷气发动机达到马赫数 3 时暂停运转。

涡轮火箭发动机或空气涡轮火箭发动机的速度可达马赫数 5 或 6。涡轮火箭发动机比涡轮喷气发动机轻，推重比高，但是在低速运转时比推力较低。此外，与涡轮喷气发动机相比，涡轮火箭发动机的比冲较低。随着成熟的涡轮喷气发动机技术的运用，空天飞行器的安全性能必然会提升至商业航空的通用标准。

一种典型的涡轮火箭发动机是“佩刀”预冷混合吸气式火箭发动机(图 8.5)。“佩刀”发动机是英国反应发动机公司为“云霄塔”单级入轨空天飞行器设计的发动机。其具体包括：进气孔、涡轮压缩机、氦气回路、小型冲压发动机以及两部火箭发动机。早期的液态空气循环发动机将空气液化并分离出氧气。“佩刀”发动机将吸进的空气冷却至液化温度以上——达到液化温度的边界。不将空气液化是因为液态空气循环发动机需要大量的氢燃料来推进系统，这导致发动机的能效降低。因此，需要使用一套持续运转的液态氦回路。液态氦由机载的液态氢进行冷却。氦气是惰性气体，很适合为机载涡轮机械进行空气冷却

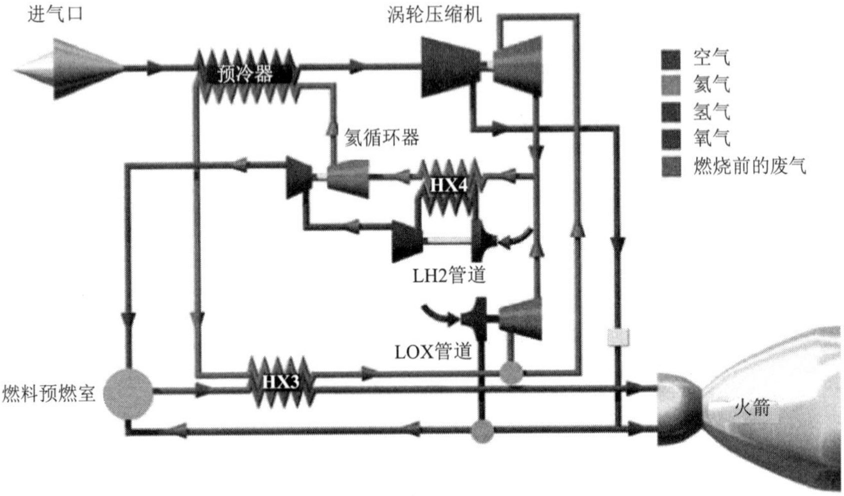

图 8.5 “佩刀”涡轮火箭发动机的推进原理示意
（图片由反应发动机有限公司提供）

和提供能源。在冷却吸进空气的同时，氦气也被加热，因此可以提供热能，并可做功。被加热的氦气使压缩机工作，在冷空气进入燃烧室前将其进一步压缩。吸进的气流被封闭的氦回路急剧冷却，不会引起“佩刀”发动机内部的压缩机和其他涡轮机械的熔化。这样的设计可以降低整体质量。在从跑道起飞至速度上升至马赫数 5.5 时，双模“佩刀”涡轮火箭发动机作为吸气装置运转，速度达到马赫数 5.5 之后，发动机便切换到火箭发动机模式。

九、未来的设计概念

先进的空天飞行器将由某种吸气式涡轮火箭发动机推进。该类发动机在比冲和 ΔV 方面具有优势，这使得这类发动机可能成为空天飞行器必不可少的推进系统。

$$\Delta V = I_{sp} g_{e} \ln R$$

ΔV 或航天飞行所需的速度增量取决于火箭的排气速度 c 以及质量比 R。排气速度是比冲 I_{sp} 与标准重力加速度 g_e 的乘积，质量比是初始加注燃料的质量除以所有推进剂燃烧以后装有火箭发动机的航天器的最终质量。

吸气式发动机通过吸入、压缩和排出大气产生大部分推力，在没有增加机载推进剂消耗的情况下大大提升了推力。比冲是推力除以机载推进剂消耗质量。因为吸气式发动机使用大气作为推进剂，比冲可高达 10 000 s，而传统的化学燃料火箭的比冲为 250~450 s。吸气式发动机推进剂消耗较低，因为它仅消耗燃料。

未来的吸气涡轮火箭发动机，作为一种能够为空天飞行器提供动力的发动机，将具备什么特征呢？毋庸置疑，它将包括塞式发动机的组件以进行高度补偿，也将融合涡轮发动机进行低速作业并可能融合冲压喷气发动机进行高速作业。未来的吸气式涡轮火箭发动机将采用最巧妙的设计使其质量达到最轻。

试想一下，几部小型冲压发动机沿切线安装在一部涡轮发动机的周边，当发动机轴旋转时，即使飞行器停在斜坡上，冲压发动机最终也会达到超声速。通过气动、电动或磁力等方式使涡轮发动机加速，冲压式喷气发动机被启动，像传统压缩机一样连续旋转。在这种模式下，冲压发动机可以为空天飞行器滑行进入航天港和低空速作业提供涡轮动力。当空天飞行器速度为 0 或为亚声速时，涡轮发动机顶端的速度将达到超声速，这是冲压式喷气发动机理想的作业速度。由于冲压式喷气发动机没有活动的组件，其可靠性将非常高。试想一下，将相同的冲压发动机安装在枢轴点的位置，这些枢轴点向前转动使飞行器进行超声速飞行。可通过同时转动几部冲压发动机，使传动轴减速至最终停止，没有活动部件的、停止旋转的吸气式发动机会保持超声速作业。冲压发动机正向“未来时代”迈进。冲压发动机能够在火箭发动机提供动力之前使空天飞行器的速度达到马赫数 5。

十、系统分析空天飞行器

假如空天飞行器的飞行高度达到 30 km，飞行速度超过 4 828 km/h。随着空气变得稀薄，塞式火箭发动机逐渐启动。塞式发动机使用与冲压发动机相同的燃烧室，最大限度地减轻了重量。当空天飞行器的速度达到 6 437 km/h，进入 45 km 的高空时，它仅依靠火箭发动机推动。此时，火箭发动机将空天飞行器的速度加到 28 163 km/h，使其高度达到 161 km。这大约相当于 7. 6 km/s 的 ΔV，其中 1. 2 km/s 用于抵消剩余的阻力和重力，还有 0. 3 km/s 的速度用来防备早前预测的风险。在常规情况下，地面发射火箭需要 9 km/s 的 ΔV 抵达轨道。利用这些空气吸入技术，得到 ΔV 的值是 1. 5 km/s。这或许没有想象的速度大，让我们再研究一下火箭方程式的指数形式：$R=e^{\Delta V I_{SP} g_e}$。在这个公式中，如果给出 ΔV 和比冲，可以算出所需的质量比 R。我们给出 I_{sp} 的值是 450 s，得到的有效排气速度 c 是 4. 4 km/s。表 8. 1 的前三行表示当 ΔV 从 9 km/s 降低至 6 km/s 时，比冲保持不变。而排气速度直接取决于比冲，所以排气速度也保持不变。再看右边一列，将 ΔV 减少 1/3，质量比几乎降低了一半。换言之，在火箭发动机点火之前，我们可以获得尽可能高的空速。研制质量比为 4 的空天飞行器比研制质量比为 8 的空天飞行器要容易得多。由于我们之前设定的 ΔV 的值为 8 km/s，选定质量比 R 为 5. 62，该方案比 $R=7. 94$ 要简单很多。

表 8.1　不同的比冲条件下不同的速度增量所需的质量比

$\Delta V/(\mathrm{km\cdot s^{-1}})$	I_{sp}/s	排气速度/$(\mathrm{km\cdot h^{-1}})$	质量比
9	450	14 480	7.94
8	450	14 480	5.62
6	450	14 480	3.98
8	400	12 870	6.98
8	350	11 260	9.21

由表 8.1 可知，随着比冲和排气速度的降低，所需的质量比迅速上升。虽然可能研制出质量比为 7 的空天飞行器，但研制质量比为 9.21 的空天飞行器将非常困难，因为 89.1% 的起飞质量将是推进剂的质量，这将使飞机和载荷的质量只能占 10.9%。如果质量比为 5.62，起飞时推进剂的质量百分比降低至 462/5.62 = 82.2%，飞机和载荷的质量可以占 17.8%。让我们来分析一下这些数据，看看能否将其变为现实。假设总的启动质量为 454 t，其中，373 吨为推进剂的质量（包括液态氧和液态氢）。在高效的塞式发动机中，比冲将达到假设的 450 s。燃料用尽后的质量是 81 t，其中包括飞机、人员和货物。代入方程式：

$$\Delta V = I_{sp} g_e \ln R$$

$$\Delta V = (450\ \mathrm{s})(32.174\ \mathrm{ft/s^2})\ln(1\ 000\ 000\ \mathrm{lb}^{①}/178\ 000\ \mathrm{lb})$$

$$\Delta V = (14\ 478\ \mathrm{ft/s})\ln(5.62)$$

$$\Delta V = 25\ 000\ \mathrm{ft/s} = 7.6\ \mathrm{km/s}$$

在从点火至进入轨道的过程中，将发动机的加速度限制在 2 g，则在 5 min 11 s 后，空天飞行器将从 1.5 km/s 加速至 7.6 km/s。航天飞机抵达轨道需要 8 min30 s 的时间，这比空天飞行器多花了 3 min 19 s 的时间在抵消重力作用上。在实际飞行中，初始加速度将小于 2 g，之后将逐渐大于 2 g。

这些数据与航天飞机比较起来怎么样呢？航天飞机系统的总升空质量为 2 041 t，其中包括 26 t 的外挂燃料箱及所装载的 726 t 的推进剂，2 个固体火箭助推器，每个质量为 590 t；航天飞机轨道器的升空质量为 109 t，其中包括 25 t 的

① 1 lb（磅）= 0.453 592 4 kg（千克）

载荷。整个 57.5% 的总起飞质量位于固体火箭推进剂部分，另外 37.2% 位于外挂燃料箱部分。液态氧占发射质量的 30.7%，剩下的 5.3% 位于满载的三角翼轨道飞行器。25 t 的载荷只占总量的 1.2%（表 8.2）。

表 8.2　航天飞机的主要组成部分

组成	升空质量/t	空机质量/t	推进剂/t
固体火箭推进剂（每个 590 t）	1 179	181	998（两个）
外挂燃料箱	762	27	736
轨道飞行器	109①	69	15②
共计	2 050	277	1 749
载荷	25		

① 包含 25 t 载荷；②（109−25−69）t = 15 t

液态氢燃料箱的体积是液态氧燃料箱的容量的 2.706 倍。液态氢的密度为 70.9 kg/m^3，占 14.45% 的质量。液化氧的密度为 1138 kg/m^3，占推进剂总量的 85.55%（参考表 8.3）。

表 8.3　航天飞机液态推进剂

推进剂	质量/kg	体积/m^3	密度/($kg \cdot m^{-3}$)	燃料箱尺寸/m
液化氧	629 350	553	1 138	16.6×8.4 液化氧燃料箱
液化氢	106 262	1 497	70.9	30×8.4 液化氢燃料箱
总数	736 612	2 050		46.8×8.4 外部燃料箱

依照上述数据，如果推进剂的总质量为 373 t，将需要 760 m^3 的液化氢（54 t）和 280 m^3 的液化氧（319 t）。我们的任务是将这些推进剂装入质量不得超过 81 t 的空天飞行器里，其中包括发动机、乘客、机组人员和货物。这些推进剂几乎相当于空天飞行器外挂燃料箱推进剂容量的一半。在设计的空天飞行器中，液化氧气占 454 t 的起飞质量中的 70.3%，占总推进剂质量的 85.5%，但只占总量 1 040 m^3 的推进剂容量的 27%。这是因为液化氧的密度是液化氢的 16 倍。因此，液化氢占总升空质量的 11.9%，占总推进剂质量的 14.5%，但氢气需要 73% 的推进剂箱容量，因为其密度较低。火箭发动机点火时，17.8% 的总升空质量是

空天飞行器、乘客、机务人员和货物，而推进剂的质量占 82.2%。

空天飞行器的推进剂质量比与航天飞机的推进剂质量比是怎样的呢？推进剂质量比的数值越小越好。首先，了解一下推进剂质量比f_p是怎么得来的。先从质量比 R 计算，R 等于宇宙飞船与推进剂质量之和（m_s+m_p）除以宇宙飞船的质量（m_s）。

$$R=(m_s+m_p)/m_s$$

$$Rm_s=m_s+m_p$$

$$m_p=m_s(R-1)$$

$$f_p=m_p/(m_s+m_p)$$

$$f_p=m_s(R-1)/[m_s+m_s(R-1)]$$

$$f_p=m_s(R-1)/Rm_s$$

$$f_p=(R-1)/R$$

有两种计算推进剂质量比的方法：仅使用质量比进行推算，或者用推进剂总质量除以总起飞（或发射）质量：$f_p=w_p/\mathrm{GLOW}$

如果所有参数都是正确的，则：

$$f_p=(5.62-1)/5.62=0.822$$

$$f_p=822\ 000/1\ 000\ 000=0.822$$

结果是相同的。其与航天飞机相比较：

$$f_p=3\ 855\ 000/4\ 520\ 000=0.852\ 9$$

空天飞行器的推进剂质量比优于（低于）航天飞机的推进剂质量比，所以空天飞行器的有效载荷比也更高。我们也可以采用逆向推理的方法，计算出航天飞机的有效质量比，然后与空天飞行器比较。

$$f_p=(R-1)/R$$

$$0.852\ 9R=R-1$$

$$0.147\ 1R=1$$

$$R=6.797$$

航天飞机的系统有效质量比是 6.797，高于空天飞行器的值（5.62）。航天飞机通过分级推进才达到这么高的质量比。同时，它也需要较高的质量比，因为要从发射台上推起更高的起飞质量。

根据得到的数据，可以设计空天飞行器的草案。首先来设想一下空天飞行器的总尺寸。我们知道，空天飞行器推进剂的总容积只是航天飞机外挂燃料箱容积的一半，外挂燃料箱的空载质量为 26 t，航天飞机的质量是它的 3 倍——与未携带燃料的空天飞行器相比（空天飞行器上载机组人员、货物及乘客时质量为 81 t）。为了使空天飞行器的效益更经济，空天飞行器的载荷通常达到 10~20 t。

因此，设计人员将思考在设计中如何整合所有的组件、燃料箱、其他组件、防热系统等。这里并不是说燃料箱和氧化剂箱应该像“土星”S-Ⅱ级设计的那样。在“土星”S-Ⅱ中，燃料箱和氧化剂箱通过一个狭窄的蜂窝状结构的组件夹在一起。推进剂的密度将影响空天飞行器的总尺寸。首先，当空天飞行器充当燃料箱时，它首要的物资应该是水。水的密度大，能够转化为液化氧和液化氢。水是宇宙中最好的化学火箭推进剂。水的高密度意味着它不需要巨大且沉重的燃料箱。载人航天飞船方案应该考虑这个因素。总起飞质量等于总升空质量加上航天飞机从跑道至点火高度所需燃料的质量。

十一、高效的喷嘴

无论是否采用旋转式涡轮火箭发动机，都要求未来的火箭发动机必须保证效率最大化。

传统的钟形喷嘴仅在某一空中高度有效，因为周围的大气压力影响了火箭排放气体的扩散。为了使其效率达到最高，排出的气体必须在钟形喷嘴内扩散，因此能填满喷嘴。喷嘴是为某种特定环境设计的。低空的喷嘴相对较短，因为火箭排出的气体不需要很大程度的扩散，与周围空气的压力相适应。高空喷嘴更大，能够使排出的气体扩散，以适应这一高度中更低的空气压力。排出的气体一旦在喷嘴内保持合适的扩散，就能有效地推动航天器运转。但是这些喷嘴只能在某一高度有效，因为在航天飞机进入轨道时，周围的环境不断发生变化。在低空中喷嘴通常“过度扩展”，而在高空中，喷嘴又通常“扩展不足”。如果喷嘴“过度扩展”，喷嘴对于周围气压来说空间过大，从而使排放的气体在从喷嘴出口排出前从喷嘴壁分离出来。在“扩展不足”的情况下，在高空或太空中，喷嘴过于狭小，排放的气体在喷嘴后进行膨胀。这两种情况都使火箭发动机的效率和比冲降低。

塞式发动机解决了传统的先汇聚再扩散式推力室本身存在的问题。塞式发动机将内部的喷嘴安装在外部，膨胀的气体就可沿着大气与斜面之间的空间流动。这样就会自动地、不断产生高度补偿，在任何高度的空中，包括在真空中都能保证高效。塞式发动机的设计可以是线型的，也可以是环形的。“冒险星”空天飞行器选择使用线型的塞式发动机，以提升单级进入近地轨道的能力。塞式发动机将被考虑用于未来单级入轨火箭“冒险星”及其无人测试平台 X-33 的设计。

环形塞式发动机的“推力单元”在一个类似截去顶端的锥形的斜面上排列成一个圆形。通过使这些“推力单元”成一定角度或使用倾斜的叶片的方式，与一个世纪以前威廉·黑尔所使用的方式相似，整个发动机或其零件都会转动。“黑尔”火箭就是使用该技术，保证整个火箭在旋转中的稳定。在环形塞式发动机中，只有发动机的某些部件需要旋转，特别是其用于在大气层中飞行的空气吸入和压缩装置时。设想使用一个单一的发动机，其功能更像在大气层中的喷气式发动机，也像在太空中的单纯的火箭。与使用独立喷气式发动机和火箭发动机的航天飞机相比，该设计有效减轻了空天飞行器的质量。

在环形塞式发动机中，只有部分小型推力单元需要启动。启动的推力单元的数量取决于作为传统的喷气式飞机飞行所必需的所有动力，或在上升至轨道的过程中液化周围空气所必需的所有动力。在传统的喷气式飞机中，发动机的主要功能是在飞机完成爬高后克服阻力。在此阶段飞行过程中，推重比会小于 1，因为机翼提供的升力使重力的影响降为零。

十二、高级推进动力的初始试验

接下来将介绍如何设计用于单级入轨空天飞行器的高级发动机。诚然，这些观点只是推测性的，目前还停留在初级阶段。

1. 吸气式离心火箭发动机

这类发动机的组成包括：进气口、恒速风扇、扩散道、低压密封条、集成离心推进泵、环形燃料室以及截短的塞式发动机斜面。

吸气式离心火箭发动机的原理是空气通过恒速风扇进入，将其压强增大至 2 068 kPa，喷入环形燃烧室，在燃烧室与液化氢一起燃烧，然后喷射在塞式发动机的斜片上。

液化氢和液化氧通过发动机运转加压，吸入的亚声速空气被扩散道加压，超声速冲压空气被加压。

扩压器的用途是在周围空气进入环形燃烧室之前，减慢其速度并增加其压力，同时使空气的温度升高。随着空气温度的升高，燃烧温度和压力也上升，从而提升发动机的动力。

恒速风扇中的可变距叶片对于最大限度地减少吸入空气的阻力、提升风扇的效率必不可少。该设计理念与飞机上恒速螺旋桨的设计理念相同。

液化氢和液化氧通过集成离心推进泵中的“辐条”传输，空气通过包含有扩散道的环形截面减速并增压。进气口能吸进从马赫数 0（“鹞”式飞机起飞和降落的速度）至马赫数 25 之间的各种速度的空气。

2. 叶轮分流器旋转式火箭

此类发动机的组成包括：进气口、旋转式空气分流器、环形冲压空气管、低压推进剂密封条、集成有推进剂管线的离心式叶轮、环形燃烧室以及塞式发动机截面。塞式发动机截面在所有高度情况提供高度补偿，离心式叶轮向环形燃烧室运输亚声速空气、燃料及氧化剂。

在滑翔飞行和亚声速飞行中，离心叶轮对空气吸入发动机，然后将空气推入环形燃烧室，并在此过程中对空气进行压缩。高压空气及离心加压的液化氢注入环形燃烧室进行燃烧，并扩展至塞式火箭发动机截面。

在超声速时，冲压空气依靠空气分流器，绕开叶轮直接进入环形燃烧室，在空气注入燃烧室之前对其进行压缩。借助发动机在空气中和太空中不断地转动，液化氢通过叶轮组被不断注入。

发动机的转动由环形燃烧室内的小型推力单元完成。通过控制这些小型推力单元的推力或其角度可保持发动机具有合适的角速度，同时也控制了推进剂的压力以及主发动机的推力。

除冲压空气外，所有的推进剂都通过离心叶轮传输至燃烧室。这些推进剂包括：被离心叶轮增压的亚声速空气、燃料、液体氧化剂。液体推进剂通过位于旋转式发动机转轴部位的低压密封口传输至离心叶轮，离心力不会影响低压推进剂的流动。燃料以及（需要的）液化氧通过叶轮中的内部管道传输。燃料及液化氧在进入环形燃料室之前被加压。

这种设计的优势是整个发动机作为一个整体运转。发动机可进行以下操作：① 当空气被吸入并被叶轮加压时，空气可被用作大气中的推进剂、氧化剂；② 发动机可用作液化推进剂的泵；③ 在氧化剂传入燃料室之前，压缩推进剂；④ 由于环形冲压空气管道横向截面存在离心力，可略微增加冲压空气的压力。其另一大优势在于，在超声速飞行时，冲压空气被分散，从而保护叶轮不被熔化。在大气层中及太空中，其能够通过在所有航速状态下离心运转向燃烧室提供增压的推进剂。该发动机融合了冲压发动机、涡轮喷气发动机以及塞式发动机的特征，成为先进的空天飞行器的动力装置。

9

第九章　单级入轨：先进的空天飞行器

可能你阅读此书的目的是想进入太空，并且你想优雅地进入太空。你不想像一个人体炮弹似的被投入太空，你也不想搭乘某个弹道“巨兽”进入太空。你不想像一块弹性橡皮泥似的被贴进座位。简而言之，你不想被“投掷”入太空。你想以最舒适的方式飞进太空。好的，继续阅读，看看你的愿望怎么变为现实。

学步的小孩必须先学会走，再学会跑。在小孩学会走路之前，他必须先学会爬。在学会爬之前，小婴儿是被抱着或带着到处走的。在这个漫长的成长与学习过程中，每个小孩都经历了骑在父母的肩上、在父母的肩膀上休息或依偎在哥哥和姐姐的背上的阶段。农场的孩子的生活更有意思，例如，他们能骑在真正的猪身上，我的弟弟和我就是如此。与大家通常的观念不同，当猪离开它们满是污泥的猪栏时，它们是特别干净的动物，它们不介意被瘦小的农场小孩骑在身上。如果要求小孩子离开农场，他们会毁掉邻居的草坪。我们也将鸡扔到谷仓顶上，检验它们的飞行能力。这些实验相当成功。虽然鸡的升重比不太理想，并且它们完全缺乏试飞的经验，但是这些鸡或多或少地实现了可控制的降落。鸭子在这方面可能会更优秀，但是你也得将它们扔出去，哦，我跑题了。

X-15 火箭飞机（1959—1968 年）以及航天飞机（1981—2010 年）是目前最成功的两种空天飞行器，它们在亚轨道太空和近地轨道共进行了 300 多次飞行。但是，这些航天器不能靠自身的动力达到轨道。X-15 需要被载机带入空中（图 9.1），然后再缓慢滑入亚轨道，而航天飞机通常通过背负式运输的方式抵达轨道。

图 9.1 在 1959 年的一次飞行中，X-15 火箭飞机挂载在其载机 B-52 下，
X-15 不能依靠自身的动力起飞
（图片由美国国家航空航天局提供）

这两种测试项目的局限性是什么呢？由于 X-15 这种小型火箭飞机没有足够的推进剂，其速度不能达到轨道速度。它的最高速度为 7 232 km/h，是所需要的轨道速度 28 000 km/h 的 1/4。虽然 X-15 在 13 次飞行中，其飞行高度超过 80 km，其中两次飞行中的高度达 100 km，但 X-15 试验机仅能依靠其所有的向前冲量来达到其最高飞行高度。X-15 在远地点的空速为 0，所有的速度都转化成了高度。重力通常使这种小型火箭飞机返回地球，将其在高空中的势能转换成高速的动能。与未来成熟的空天飞行器相比，X-15 试验机只能缓慢地进入亚轨道。

航天飞机只能依靠运载器将其运至需要去的地方。它本身不运载火箭推进剂，而是依靠一个巨大的、一次性的外挂燃料箱和两个大型的固体火箭推进器提供推进剂。X-15 不能运载足够的燃料，而航天飞机能运输货物却不能运输燃料。航天飞机通过搭载自身的推进剂箱解决了这一问题（图 9.2）。航天飞机可以被比喻为身材魁梧的少年——其体型相对于它的裤子来说过于庞大，这通常给它带来很多无法解决的麻烦。

参考 X-15 火箭飞机和航天飞机的设计标准，我们是否可能设计一种单级入轨的空天飞行器，使其可以依靠自身的动力从跑道起飞，然后加速进入太空？这

图 9.2　在机动发射平台上和履带式运输车上的航天飞机，正缓慢地向发射台移动，航天飞机的外部液体燃料箱和两个固体火箭推进器几乎装载了其全部的推进剂
（图片由美国国家航空航天局提供）

并不是一个小问题，它给航空工程师带来了巨大的挑战。事实上，使用完全可重复使用的整体式宇宙飞船从地面进入近地轨道可能是航天学中最难的问题。为了更全面地理解这个问题，我们需要了解一些传统航空发展的历史。

一、从 DC-3 到 DC-X

从现实的角度来看，航空业并不是一夜之间出现的。莱特兄弟在北卡罗来纳州的基蒂霍克 4 次试飞“飞行者 1 号”之前的很多年，人们一直在冒着生命危险试飞新型飞行器。之后，查尔斯·林德伯格驾驶“圣路易斯精神号”飞机，证明了飞机可以不着陆地横跨大西洋，之后整个航空业才全速发展起来。到那个时候，双翼飞机的时代（图 9.3）基本上结束了。新型的、强大的发动机已经被研发出来，2 台或 3 台发动机被安装在新型飞机上（图 9.4）。这使公众相信搭乘飞机的时候到来了。早期的可搭载乘客的飞机是福特三发飞机，它有 3 台星形发动机，能运载 10 名乘客。这些早期的飞机有几架仍然在飞行，它们出现的场合是美国实验飞行器协会每年在威斯康星州举办的航空展。但是这些飞机在工程师和经济学家看来，速度很慢、空间狭小、效率低下，因此需要研发更大、更快、更好的飞机（图 9.5）。

图 9.3　在双翼飞机时代，沃特公司的 VE-7 飞机是迈向航天飞机漫长道路上的必要的一步，图为美国国家航空咨询委员会试飞员保尔金于 1925 年 10 月在高空试飞前穿着保暖衣，带着氧气面罩

（图片由美国国家航空航天局提供）

图 9.4 在第二次世界大战之前和第二次世界大战期间，双发飞机极大地提升了飞机的航程和可靠性；水星计划的宇航员唐纳德·K·斯莱顿（右）与艾德·斯泰恩曼（两人均为中尉）于 1945 年在道格拉斯 A-26 轰炸机前合影，宇航员斯莱顿后来于 1975 年 7 月参加了阿波罗-联盟实验计划

（图片由美国国家航空航天局提供）

图 9.5 装备国家航空咨询委员会设计的整流罩的 Vegar Air Express，1929 年打破了横跨大陆的速度纪录

（图片由美国国家航空航天局提供）

首架客机——双发道格拉斯 DC-3 型客机正是在这个时候出现的（图 9.6）。虽然按照今天的标准来看，DC-3 型客机体型较小，但它是那个年代完美的客机。它很快被证明了在运输乘客和货物方面的重要价值。可以说，它是航空历史上首架实用效率高、以盈利为目的的飞机。这种飞机被大批制造，数百架飞机至今还在飞行。在第二次世界大战中，陆军航空兵成功地用 DC-3 型机作为著名的 C-47 “信天翁”。在著名的柏林空运中，这种飞机被大量使用。航空业的历史与未来先进的空天飞行器有什么联系呢？

图 9.6　20 世纪 50 年代中期，道格拉斯 D-558-2 Skyrocket 与 F-86 一起飞行；第二次世界大战后，固定翼飞机和火箭飞机技术快速发展并不断改进（图片由美国国家航空航天局提供）

航空业的历史与先进的空天飞行器确实有很大联系，因为飞机在变得高效率以前，没被大量地生产。在飞机大批量生产后，它们没有机会变得更经济。这其中最主要的因素是人的因素，数以千计的付费乘客只是想乘坐飞机。如果他们有钱，很显然其中很多人有钱，他们就能够乘坐最豪华、最快速的 DC-3 飞机。这些飞机还设有机长和机组人员。其中有些理念一直被沿用到现代社会。当然，在早些年，不是每个人都能买得起飞机票，只有那些富裕的人能够乘坐飞机。首架航天飞机也将是这样的。

DC-3 的成功与它的多功能性、可靠性、安全性，当然还有它的可重复使用性有关。从那时起，每一架成功的客机都从 DC-3 飞机上汲取了经验。但对于 DC-X 德尔塔三角快帆实验火箭来说情况却不是这样，它将在比天空更高的地方应用这一经验。

DC-X 曾经是试飞过的首批单级入轨、垂直起降测试平台中的一个。它进行过飞行试验，但从来没有在太空中飞行。从根本上说，它是阿波罗登月舱的地球版本，只是没有搭乘人员。它能够起飞、悬停、水平飞行一段距离、用 4 条伸缩腿着陆，所有这一切都依靠火箭自身的动力。它的一名远程控制员是查尔斯·皮特·康拉德，他是“阿波罗 12 号”飞船的指令长，也是第 3 位在月球上行走的人。在德尔塔三角快帆的最后一次飞行中，它翻倒并爆炸了。当时的事情就是那样。事故出现的原因有很多，其中包括资金短缺、地勤人员劳累过度等。但事实是，根据墨菲法则，如果某物体可以翻倒，那它终将会翻倒。在 DC-X 事故中，一个独立的液压管导致其中一个起落架不能伸展着陆。虽然它曾经飞行得很完美，它的其他 3 条伸缩腿工作正常，但这一个小小的故障足够使这一投资过多的航天器面临失败。在地面倾倒后，机上剩余的推进剂迅速着火，航天器瞬间在一片火光中毁灭。

将 DC-3 与 DC-X 相比，能得出什么教训？从中可以得出很多教训，其中一些教训比较简单，可以完全忽略。但是，其中有两条教训不能被忽视。第一条教训是，有人驾驶航天器比无人驾驶航天器更安全。每一架 DC-3 都有机组人员。如果 DC-X 上也有一名飞行员，可以肯定的是飞行员会在起飞前检查起落装置。这是正常的操作程序。飞行员都接受过训练，不能驾驶不安全的航天器飞行。第二条教训是，让可以翻倒的航天器执行飞行任务是很不明智的做法，特别是如果翻倒就意味着爆炸。飞机不会翻倒，因为它们两侧有机翼。即使起落装置彻底损毁，飞机仅会稍微倾斜并降落到跑道上（图 9.7）。这些道理很简单，但是谁考虑过了？谁又会提及它们呢？这是一件愚蠢的事情，一件简单的事情，但却是一件真实的事情。飞机不能翻倒，航天飞机也是如此。

在开始讨论先进的航天飞机之前，我们很容易注意到，X-33 项目被取消的一个原因是美国对无人驾驶航天器的关注。X-33 从美国西南部起飞，降落在内华达州和蒙大拿州的跑道上，旨在测试新的线型塞式火箭发动机在亚轨道上的运行。但是，一架无人驾驶航行器坠毁，造成地面人员死伤这一事件给人们带来的阴影太大了，它最终导致 X-33 及其后续的“冒险星”计划被取消（图 9.8）。

图 9.7 火箭飞机可能会倾侧，但不会翻倒；1956 年 6 月，X-1E 在罗杰斯干湖着陆时，前起落架损毁；研究机比较容易修好，并再次执行飞行任务（参考图 2.5）
（图片由美国国家航空航天局提供）

图 9.8 技术测试平台验证机 X-34 空天飞行器停在加利福尼亚德莱顿飞行研究中心的斜坡上，同 X-33 一样，这一项目也不幸被取消了
（图片由美国国家航空航天局提供）

二、太空旅行人员

未来谁将会搭乘先进的空天飞行器呢？答案是那些有足够的资金想去太空旅游的人，以及将太空作为目的地的人，包括太空旅行者、往来于空间站的宇航员

以及无生命的货物。DC-3 取得的那些非凡的成功经验，也将为未来先进的空天飞行器，以及领先于空天飞行器的亚轨道空天飞行器的成功提供保证。如果人们相信航天器和其发动机是可靠的并且足够安全，大批的人将会排队购票。这种情况已经发生了，尽管只是在一个较小的范围内。随着 2004 年太空飞船一号的成功，维珍银河宣布将很快提供亚轨道太空旅行，人们开始跃跃欲试。数百名太空旅行者已经为未来的太空飞行付下定金，而这时并没有设定任何具体的目的地。这种现象存在也无妨，因为这只是在空天飞行器技术成熟，飞行速度达到轨道速度之前短暂存在的一种现象。但是，许多未来的太空旅行者已经为未来的太空之旅预定好座位，这一事实表明，他们为太空旅行买单的原因是他们想去太空，而不是因为他们头脑中有任何特定的目的地。航天飞行的经历就是他们的目的。

为什么每个人都想去太空？因为那里是太空，是一个不同的地方。人在本性里会渴求去经历从未经历过的事情，去一些新鲜、刺激的地方。就拿我来说吧，我想去瑞典，那是我的祖先在一百年前离开的地方。我的目的地就是那里，我与那里保持着联系，所以我做了两年的餐馆勤杂工，在我 17 岁之前终于去了那里。我在丹佛搭乘一架航班，在纽约换乘（在那里很愉快地等待了 11 个小时），然后经由冰岛飞往欧洲。我轻松地使用身边的运输工具，其中还包括精准的欧洲铁路系统。至于我的祖先，他们在瑞典沿岸某地搭乘了一艘船，然后用了几周时间到达波士顿。在这两个例子中，我们去某个地方是因为我们想去那里，没有其他原因。

未来的太空旅行者希望乘坐哪种运载工具呢（图 9.9）？在今后的数年，他们将会选择搭乘弹道导弹或空天飞行器。更有勇气的人毫无疑问会选择火箭，特别是如果他们经济实力雄厚的话。经济实力稍差的人会选择空天飞行器，空天飞行器那时将仍处于尚未成熟的亚轨道阶段。这将对未来产生重要影响，因为与导弹相比，空天飞行器将会吸引更多的游客，虽然空天飞行器飞得不是那么远、那么高、那么快。更重要的是，运营空天飞行器的公司与那些仅专注于火箭运载的公司相比，将会获取更多在太空飞行的经验。导弹和空天飞行器都使用火箭动力，火箭发动机的经验与太空飞行的经验同等重要。而且，航天飞行中最重要的飞行经验在于穿越大气层飞行，而不在于其在太空中漂浮时。

图 9.9　X-48B 无人机停在沙漠中，未来的空天飞行器是这种形状吗
（图片由美国国家航空航天局提供）

随着空天飞行器公司开始通过亚轨道客户盈利，其必将持续推动发展更快速的航天器，它们能够抵达最高的高度，能为乘客提供更好的视角、更长时间的失重体验。火箭发射升空的频率可能以月计算，而空天飞行器几乎能够每天进入亚轨道。就像龟兔赛跑一样，在太空旅游业中，遵守从亚轨道空天飞行器向完全轨道飞行的航天器发展这一逻辑发展路径的一方将赢得比赛，而偏离主题，发展弹道和双级入轨计划将最终导致失败。如果让你搭乘航天器进入轨道，或乘坐头等舱进入亚轨道，你将怎么选择？特别是，如果搭乘航天器的花费将高出 100 倍时，你将如何选择呢？

当我写到这里的时候，太空旅行者希望花费 3 000 万美元搭乘俄罗斯火箭前往国际空间站。而维珍银河公司希望它们的乘客能用约 20 万美元（不到这一数字的 1%）的费用到达目的地。很显然，哪一方赢取的乘客多，哪一方将获得更多的经验。空天飞行器研发的最佳途径是，初始主要研发类似于火箭飞机 XP、太空飞船一号或者 XCOR 公司设计的 Xerus 等亚轨道飞行器，未来研发单级入轨、能够依靠自身的动力从跑道起飞，并在没有外挂燃料箱、载机或弹道推进器的帮助下进入太空的飞行器。先进的发动机必然会使这一未来构想在我们眼前实现。遵循这一发展规律的公司有朝一日将会胜出。

三、空天飞行器解剖

传统的飞机使用大气的目的是：① 维持动力装置内的燃烧；② 产生应对地心引力的升力；③ 提供推进剂。未来先进的空天飞行器将与大型喷气式飞机在许多方面相似。然而，它们之间也存在重大差异。空天飞行器像航天飞机一样，有一个三角翼，或双三角翼。空天飞行器也可能被设计为一个无翼的升力体，借助其整个机身产生升力。第三种可能性是，空天飞行器可能是长圆柱体，机身前后两端很尖，机翼短而粗。不管它的外形是什么样子，它将采用与上一节介绍的发动机类似的先进吸气式发动机。与航天飞机不同的是，先进的空天飞行器携带的货物更少，而推进剂更多。它的主要功能将是将航天旅行者送入近地轨道和月球。如上所述，先进的空天飞行器将不依赖于助推火箭、外挂推进剂燃料箱或载机。早期的机型可能或多或少需要接受空中加油，但最终随着燃料利用率和飞行管理达到最佳状况、机体结构更轻以及发动机技术的改进，这一方式将最终被淘汰。

先进的空天飞行器将能够依靠燃料箱的气体燃料进入地球轨道，在轨道补给燃料，并将乘客送入月球。它还将能够在月球着陆，收集在月球上制造的推进剂，然后携带推进剂和乘客返回近地轨道。借助翼形结构，它将能在地球大气中减速，然后进入地球轨道上的推进剂补给站。先进的空天飞行器将担负太空航班和太空燃料箱两项职责，并将填补未来空间基础设施的这一空白。太空公司不仅依靠运输乘客盈利，同时也依靠运输推进剂盈利。月球上的推进剂以及地球上的乘客源源不断地涌入，这将推动太空经济的发展，那时我们今天所看到的一切都将显得微不足道。

未来太空业的运营将与今天的航空业在很大程度上相似。只是未来的太空业多了一项额外职责，即在月球和地球之间运输货物，主要是推进剂。一些太空公司将运输干货，而不运输乘客，但是它们都将运输推进剂。因为如果没有源源不断的火箭燃料，太空航线仍将无人涉足。

但是先进的太空班机具备什么独有的特征使它们能够完成所有的任务呢？其

中一个最重要的因素是其先进的推进动力技术。正如莱特兄弟所认为的那样，一部好的发动机和一架好的机身同样重要。正如莱特兄弟自己制造发动机一样，今天自己制造发动机的人应受到密切的关注，因为未来他们很可能成为太空经济的主导者。

观察一下空天飞行器的内部我们会发现，它主要是由巨大的推进剂箱组成的（图 9.10），它们对于推进航天器达到 8 km/s 的轨道速度是必不可少的。这就是先进的空天飞行器同今天的飞机的最大区别。飞机将大部分燃料装载在机翼，而空天飞行器必须将大部分燃料装载在机身。空天飞行器的机身凸起，所以能够容纳足够的推进剂，使其航速达到轨道速度。这当然是个好现象，因为这一设计也是单级入轨空间飞行所必需的，同时它也使先进的空天飞行器成为完美的太空燃料箱，这也是月球旅游经济所需要的。

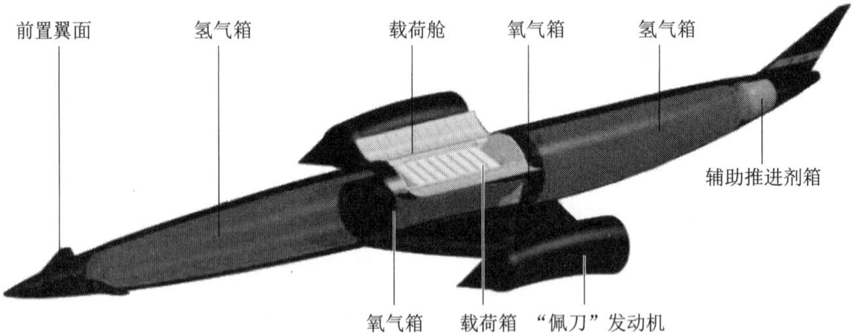

图 9.10 “云霄塔”单级入轨空天飞行器概念内部结构
（图片由反应发动机有限公司提供）

太空旅客们的住宿条件怎么样呢？飞往月球的空天飞行器将配备很多观察窗口、娱乐室、有双层睡袋的睡眠区、零重力休息室。与出现在美国航空航天局视频中的国家空间站内部的凌乱布局不同，未来的空天飞行器舱室安排将更合理。就像在船上一样，空天飞行器装备甲板、舱壁、天花板。在甲板上有整齐排列的桌子和椅子，舱壁上设计舷窗并用图画装饰，天花板上装备嵌入式灯。一些墙壁上安装书架，并将经过特殊设计使它们放置的位置合适。舱壁上还会安装平板显示屏。如果一些乘客希望在飞行到月球的零重力环境中或者在轨道飞行中倒挂漂浮，他们可以随意去做（图 9.11）。但是为了所有乘客的心理健康，居住环境将会尽量普通和实用。最重要的是，避免官方发布的宇宙飞船内部凌乱的现象。

图 9.11　在轨道上或在行星之间，自由落体时没有真正意义上的上或下；宇航员正在美国 NASA 改装的 KC-135 内享受短暂的自由落体时间
（图片由美国国家航空航天局提供）

飞行员的座舱将是什么样子的呢？飞行员的站位将和你发现的所有客机中的非常相似，飞行员都会很熟悉里面大部分的控制装置。控制架将会被控制杆取代，这与喷气式战斗机中的构造很相似。这样做是出于在太空中高度控制的考虑。在飞行中，飞机有三种正交轴运动：上下俯仰、左右偏转以及转动。拉回控制杆是机头向上，向前推使机头向下。控制杆向左移动使机翼按逆时针方向转动，控制杆向右移动使机翼按顺时针方向转动。在大气中的左右偏转控制通常通过脚踏开关来实现。但是在太空中，控制杆的弯曲将实现这一功能，因为手远比脚灵活多了。因此，虽然空天飞行器将装备脚踏开关来在大气中进行左右偏转控制，而在太空中，这一功能将由控制杆来完成。仪表面板或飞行员的操纵台上将会安装一个开关，用于控制姿态推力器。在 32 km 的高度，这个开关将会开启，使空天飞行器不会因为缺少足够的航空动力而失去控制。

雷达高度表是所有空天飞行器中的通用装备，特别是在用于月球飞行的空天飞行器上。传统的飞机依靠空气压力显示高度，但是因为月球上没有空气，只能通过雷达精确地确定地面以上的高度。

未来先进的月球空天飞行器将会装备腹侧推进器，这使它能够按照鹞式垂直起降喷气机的方式着陆。这可以被称作水平垂直着陆（VLHA）。相同的首字母缩写也指以水平方式垂直起飞。在月球着陆的空天飞行器都将是水平垂直起降的航天器。水平垂直起降需要一个没有任何杂物的水平停机坪。与 DC-X 不同，月球空天飞行器不会在月球上翻倒，同理，飞机在地球上也不会被这种问题困扰。未来的空天飞行器在地球上能够进行水平垂直着陆之前将会具备在月球上的水平垂直着陆能力。原因当然是月球的重力加速度只是地球的 1/6，所以着陆和起飞只需要 1/6 的推力。

最终，极端先进的空天飞行器将会出现，能够在地球和月球上进行水平垂直起降。这将切实提升航天器的安全性能，因为在地球上遭遇恶劣天气时，坠毁的可能性将会比较小。它们只需要以自己的方式“悬停”，在任意星球上由雷达精确控制着陆。也许这种航天器在很多年内都不会出现，但它们终究会出现。

四、太空班机的出现时间

更高级的空天飞行器的研发可能需要数年，甚至数十年。而亚轨道航天器已经存在。实际上，在 1959 年 X-15 首次飞行以来，它们就存在了。在亚轨道航天器自然发展成熟的这一过程中，弹道助推器由于发展萧条而停滞了几乎半个世纪。对它们自身来说，这些大型的推进器已经自主发展到一个它们所能达到的成熟阶段，尽管事实上它们从来没有（可能永远也不会）达到民航客机或太空航班所要求的安全标准。

什么时候能够研制出先进的空天飞行器呢？然后呢？现在没有人能回答这些问题。事实上，对如何发展先进的空天飞行器还没有形成一致的观点。对未来存在着许多相互矛盾的幻想，每一种幻想都包含特定的航天器概念和发动机设计理念。有人预想未来没有任何其他种类的空天飞行器，未来的太空飞行只包括 DC-X 型的航天器。有人将两级入轨空天飞行器看作成熟的单级入轨空天飞行器发展道路上的中间步骤。还有人认为亚轨道空天飞行器在逐步发展，在某一时刻它们将具备轨道太空飞行能力。

正因为莱特飞机不能横穿大西洋，也不能超声速飞行，所以太空飞船一号不能进行轨道或月球航天飞行。然而，协和式超声速飞机使用了与莱特飞机在基蒂霍克飞行时相同的航空原理而飞越了大西洋。通过一系列小的进步和不时取得的巨大飞跃，航空业从以前简单的双翼飞机发展到今天的超声速实验航天器。简单来说，通过持续不断的努力，今天的空天飞行器将发展成为明天的高级太空班机。随着首批太空旅行者开始搭乘亚轨道空天飞行器飞行，空天飞行器的发展进程将会加速，因为随着飞行频率的增加，体验基地也会日益增加。

首架先进的空天飞行器被定义为能够依靠自身动力从跑道起飞，能够在空中加油机的帮助下或者不借助空中加油机的帮助加速进入轨道（图 9.12），能在 2030 年前后开始飞行，允许有 10 年的误差。这些话语写于 2007 年底，那时很难预测可能发生的事情，因为亚轨道太空旅游还没有开始。但是当这个开创性的时刻到来时，一系列我们以前完全未遇到过的事情将会发生。

图 9.12　先进的“云霄塔”空天飞行器在近地轨道飞行
（图片由反应发动机有限公司提供）

值得一提的是，轨道太空旅游时代已经到来。从 2001 年开始，有大约 6 名太空游客搭乘俄罗斯运载火箭抵达国际空间站。在为期几天的太空旅游中，每名太空游客花费 2 000 万美元或更多，他们与受过专业训练的航天员及宇航员共同生活。这类飞行的频率相对较低，资金都流入了俄罗斯政府而不是私人太空公司。因此，它们对整个太空技术的发展没有实际的促进作用，而不像亚轨道太空旅游业将会对太空技术带来影响。正如上文所提到的，亚轨道太空旅游使太空游客的花费比今天的轨道太空游客减少了 1%。这意味着未来亚轨道游客的数量将是当前轨道太空游客的 100 倍，未来的飞行频率、太空飞行实践及空天飞行器的发展将会大幅提升。未来的太空游客将很乐意支付维持空天飞行器本身的运营本成，其中包括飞机购买成本、运营及发展费用。

五、搭乘空天飞行器旅游

空天飞行器的快速发展将引发普通机场升级为航天港的热潮。发展空天飞行器的公司将拥有一定的知名度，这将最终促进商业的发展。太空公司将不仅提供太空旅游，也将提供亚轨道短途旅行，将乘客运输至邻近的国家和地区。对太空旅游业来说，首次太空飞行将会是出于娱乐的原因。从根本上来说，他们将开启愉快的旅程。然而，人们将会很快意识到亚轨道飞行具有真正的价值。紧急物资，例如用于移植的器官、高时效性文件、外交邮件，都将会用亚轨道空天飞行器进行运输。即日抵达邮件的理念将会实现。国际救援工作者能够通过太空运输，快速抵达受灾地，就像以前搭乘美国空军的“雷鸟”飞机。

这时候，全球的机场将开始升级为航天港。首次亚轨道飞行的航程将会相对较短。空天飞行器将会从南加利福尼亚的跑道起飞，降落在洛杉矶。其他空天飞行器将从新墨西哥州的美国航天港起飞，在几百 mi① 的范围内着陆。有朝一日，亚轨道空天飞行器的航程将增加，能够在洲与洲之间进行短途飞行。一旦这些亚轨道航天器发展成为真正的单级入轨空天飞行器，它们的第一站将会是近地轨道的“太空旅馆”。这些“太空旅馆”将成为毕格罗宇航公司所倡导的充气式栖息地。渴望太空旅游的旅行者将会因为豪华的住宿条件使太空旅行体验更为愉悦。可能会有一系列零重力的活动，也有可能这些活动仅限于想象。旅行者可自主选择他们的旅行套餐。他们可以选择在哪里过夜，包括看到十几次或更多次日出和

① 1 mi（英里）= 1 609. 344 m（米）

日落，也有人选择待更长的时间。太空旅行也将会有持续 12 h 或 8 次绕地球轨道航行的“快速游览”，该套餐每周一次或每月一次，每次根据情况定价。按照这种方式，他们的太空之旅可以从美国开始至澳大利亚结束。因为容积大、航程远、可再入大气层、地面起降等特性，空天飞行器将成为乘客们的理想选择(图 9.13)。

图 9.13 俄罗斯设计的螺旋空天飞行器进入大气层。
(图片由 http：//www.buran-energia.com 网站提供)

展望未来，月球空天飞行器到达附近的补给站加油时，会将乘客放在地球轨道休闲地。几个小时后，空天飞行器将会返回接上乘客，然后“起飞”前往月球。首架月球空天飞行器将不会在月球登陆，但会将人员和货物转运至在那里永久部署的蟹形月球穿梭车。未来，先进的月球空天飞行器将展示其自主在月球着陆的能力（图 9.14，参见下一章节）。月球旅行者将会紧随地球轨道观光客而来，因为月球将为人们提供全新的休闲度假机会。当那天到来时，蜜月旅行将会完全不一样。

六、极速飞向未来

未来的空天飞行器如何利用它们自身的力量进入太空？它们是否同弹道火箭一样靠蛮力解决问题？不，绝对不是。相反，它们将迂回前进，以一种更聪明、更合适的方式解决问题。每一架空天飞行器的核心当然是它的高效能发动机。

图 9.14 以月球为基地的空天飞行器可能像这种月球着陆研究航天器，阿波罗宇航员使用它们练习月球登陆
（图片由美国国家航空航天局提供）

先进的空天飞行器的关键是先进的发动机技术，新设计的轻型发动机将推动我们奔向未来。正如我们已经了解到的，这些发动机将会是吸气式的混合发动机——部分为涡轮喷气发动机，部分为火箭发动机。它们在大气层中能和在太空中一样高效运转。然而，这些新型的发动机只是我们决胜未来战略的一部分。空天飞行器还需要在大气层中按照正确的方式爬升。

进入太空的方式有很多种，就像从太空返回一样。1961—1975 年，美国载人航天计划证明了借助弹道着陆舱进行垂直发射是一种行之有效的方式（图 9.15）并很快将之重新启用。还有一种方法是垂直起飞和水平着陆（图 9.16），也就是空天飞行器的做法。先进的空天飞行器将采用普通飞机的模式，即水平起飞和水平着陆。在前面两种方式中，太空发射器穿越大气层，然后沿弧线飞行，提升速度以保持在轨道运行。但是，先进的空天飞行器的爬升轨迹是什么样的呢？

图 9.15 “阿波罗 9”指挥舱的溅落，这是宇航员返回地球的原始方式
（图片由美国国家航空航天局提供）

图 9.16 SF-01 载太空游客起飞的艺术效果图
（图片由 Spacefleet 有限公司提供）

先进的空天飞行器的上升轨道将与其机载动力装置——吸气式涡轮火箭发动机密不可分。像涡轮喷气式飞机在起飞时或在低空飞行时一样，先进的空天飞行器飞离跑道时与所有普通的客机一样。在向轨道飞行的第一阶段中，空天飞行器的飞行轨迹和传统的飞机一样。机载燃料的一小部分将和大量的空气一起燃烧。在这一飞行阶段中，这将充当工作质量。这一阶段持续的时间取决于空天飞行器在加速进入太空之前是否要收集、液化和存储空气，还取决于它是否在半空中加油，或者在起飞时携带了抵达轨道所需的所有推进剂。不管怎样，在某一时刻，空天飞行器将进行一次相对迅速的加速，飞越大气层，进入轨道。只要停留在大气层对其有益，空天飞行器将会保持停留在大气层中，一旦空气变成阻力，空天飞行器就要飞离大气层。

先进的空天飞行器在大气层内飞行时，其产生的升力将完全抵消重力。光滑设计的外观以及在速度提升太高之前飞离大气层，将会克服阻力。热负荷将会以与气动载荷同样的方式被保持得较低，因为两者会同时升高。让我们仔细了解一下先进的空天飞行器的设计理念。

七、设计理念

先进的空天飞行器中最重要的部分是发动机。在发动机设计中使用涡轮喷气发动机和塞式火箭发动机的元素，将使其比以往的发动机功能更多、性能更强。这些特征将使发动机本身以及它们所推动的空天飞行器更加可靠和高效。正如我们所了解的，发动机和航天器的可靠性是使太空飞行变得平常和安全的必要条件。我们在上一章已经了解了这些发动机，这里就不再赘述。

除了发动机外，先进的空天飞行器也使用先进的飞行和燃料管理技术。飞行和燃料管理是指合理地使用大气（产生升力）、氧气、工作物质，并选择穿越大气层的最佳路径和速度。为了保证上升至轨道过程中燃料利用的高效性，需要用最少数量的燃料（特别是液化氢）使空天飞行器的飞行速度达到空速。让我们全面了解一下飞行和燃料管理概念（FFM），看看根据目前的知识能够收集到什么信息。

飞行和燃料管理的首要部分是气动升力。空天飞行器将借助大气上升到太空高度。这是对空天飞行器飞行最直接、最简单易懂的了解。尽管每架飞机爬高的升限不同，但它们始终按照这种方式使用大气。先进的空天飞行器爬升至约 15.25 km 的高度时，能够保持亚声速，像一架民航客机似的飞行。在该阶段的飞行中，绝佳的亚声速升阻比有助于最大限度地减少阻力和燃料消耗。按照这种方式，气动升力为空天飞行器爬升至所需的高度提供动力，而燃料用量最小。

氧气是所有发动机运转所必需的。因为按质量计算，空气中 1/4 是氧气，因此，在空气中运行先进的发动机是避免在飞船内部携带氧气的有效方式。仅从发动机运转的观点来看，空天飞行器应该能够在大气层中停留相当长的一段时间。

大气中含有丰富的工作物质。工作物质是空气中所有成分的总和，除了氧气之外，还主要包括惰性氮以及微量元素。工作物质为什么如此重要呢？因为它充当推动航空器运转的推进剂。同发动机所需的氧气一样，当航空器在大气层中飞行时，工作物质不需要随机上载。

在典型的喷气发动机中，涡轮为压缩机提供动力，使其像一个巨大的真空吸尘器似的运转，吸入空气，进行压缩，最终将其从机尾喷射，形成持续的喷气推力。涡轮使用燃料（特别是煤油衍生物）和大气中的氧气，而压缩机借助周围空气的工作流体工作。此外，从工作物质方面考虑，空天飞行器停留在大气中尽可能长的时间对空天飞行器来说是有利的。

同时，先进的空天飞行器必须加速至轨道速度。但速度的提升同时也使阻力增大。超声速也会导致高热量，这是另一个需要克服的障碍。同时，在航速达到轨道速度之前，空天飞行器必须排出空气以保持飞行效率。

在空天飞行器上升至轨道的过程中，最佳的速度矢量曲线包括：在各种高度将以多快的速度飞行以及以多大的角度爬高，以尽量减少机载推进剂的使用。飞行的第一部分通常采用亚声速巡航爬升的方式，因为这一段只是入轨高度的 10%，应最大限度地减少这一阶段以及之后阶段的阻力。这一上升阶段与现代的航班或战略轰炸机相似，使空天飞行器从跑道起飞，上升至 15.25 km 的高度。此时，空天飞行器继续爬升，借助最大的推力，空天飞行器加速至超声速，机身上仰，仰角大约为 40°。吸气式涡轮火箭发动机将继续工作，直至航速达到低超声速的范围（马赫数6或7)。此时，飞行员关闭氦气回路，压缩机停止工作，空天飞行器仅依靠火箭动力推动。空天飞行器现在就完全以弹道飞行，开始飞离可感知到的大气层，仅依靠机载推进剂使飞行速度达到轨道速度。空天飞行器仰转至几乎水平的方向，调整至合适的冲角以抵消剩余的重力影响，直至抵达发射方向上的入轨点。

通过采用亚声速升力上升至15.25 km，然后采用40°的爬升角，重力影响将保持最低，因为最大限度地利用上了气动升力。同时，空天飞行器在低层大气中进行亚声速爬升，或者在超声速急速升至轨道时使用更大的爬升率，都能够保证大气阻力与热力载荷在安全范围内。换言之，通过使用这种最佳的速度变化，重力和阻力损失都能保持较低水平，同时也充分利用了大气升力、氧气以及工作质量。

飞行和燃料管理的另一方面包括燃料补给。实际上，这是指空中推进剂转运。空天飞行器通过在空中加油机后面飞行，能够在高空中接受其氧化剂推进剂，而不是满载从跑道起飞（图9.17)。氧化剂是太空运载工具中最重的部分，所以从地面起飞时不装载氧化剂将会具有明显优势。将要转运的氧化剂可能是液化氧或过氧化氢。过氧化氢看起来和使用起来都很像水，尽管它对杂质极为敏感。或者，空天飞行器在亚声速飞行中通过液化周围的空气，分离出氧气成分并

图9.17 空天飞行器可以在起飞后进行空中加油，像这架B-2轰炸机正在由美空军KC-135加油机为其加油

（该图片由美国空军提供）

将之储存起来，由此产生机载氧气。在后一种方法中，亚声速飞行时间更长，并且需要飞机上携带质量较轻的空气液化设备。这些都是先进的空天飞行器可能使用的技术。

先进的空天飞行器的大部分结构将由轻型复合材料构成。至关重要的是，空天飞行器的设计必须兼顾轻型和坚固的特征，以达到单级入轨飞行所必需的质量比。其中的一个设计元素是将高强度减速伞与防热系统相结合。通过使用双层的蜂窝状结构，未来的空天飞行器将拥有高度可靠的防热系统以及坚固的再入机身，这对于地球轨道和月球的返回和再入都是非常重要的。在 X-33 测试平台项目被取消前，X-33 测试平台的设计人员曾考虑采用该设计。

对无翼火箭来说，借助高能量的推进器以及高度补偿的火箭发动机，单级入轨太空飞行所需的质量比约为 8.5。这意味着在航天器总的起飞质量中不超过 12% 的质量是由组织结构、发动机、船员和货物构成的。其他的 88% 则是推进剂。借助火箭方程式，假设比冲为 435 s，可以得到下面的计算结果：

$$\Delta V = c\ln R（其中, c = I_{sp}g_e）.$$

故

$$\Delta V = I_{sp}\, g_e \ln R$$

$$\Delta V = (435\ \mathrm{s})(32.174\ \mathrm{ft/s^2})\ln(8.5)$$

$$\Delta V = 29\ 950\ \mathrm{ft/s}$$

结果等于 5.67 mi/s，即 9.13 km/s，远远高于近地轨道速度。如果考虑阻力和重力损失，这个结果基本正确。这个计算结果是建立在单纯火箭的基础之上的，没有考虑飞行和燃料管理（FFM）、升力最佳速度或者空中推进剂转输。当所有的这些设计理念用于先进的空天飞行器时，有可能大大降低空天飞行器的质量比，从而将载荷比率提升至实际水平。在上一章有这样的一个例子。

先进的空天飞行器的基础设施将包括航天港之类的地面基础设施、机载油箱之类的空中基础设施，以及轨道推进剂仓库、太空站、月球基地之类的太空基础设施。空天飞行器的基础设施正在发展，现在的飞机场将成为未来的航天港。我们拥有空中加油机，飞行中加油程序已发展成熟并成为例行的程序。随着首个近地轨道加油站的建立，以及首批空天飞行器乘客的涌现，太空飞行活动将快速增加。

八、实现梦想

我们如何实现未来的梦想呢？我们如何能够安全地抵达那里？开启未来之门的钥匙是可重复使用的高级太空飞船。大量的飞行测试将使太空飞行更可靠和更安全。先进的发动机、出众的构造、良好的操作将会在市场上取得成功。市场将为空天飞行器的整个发展过程买单。

良好的宇宙飞船（图 9. 18）是安全、可靠的太空运输的前提条件。先进的空天飞行器将属于这种类型的宇宙飞船。它不依赖简单的、不经济的火箭分级或模块任务概念。这将是从原始的火箭飞机，到亚轨道空天飞行器，再到单级入轨的空天飞行器的最后一个阶段。只有执行数千次而不是数百次任务，借助合适的飞行和燃料管理技术，使用优越的结构和发动机，凭借出色的性能和推进持续的发展，这一理想才能实现。空天飞行器运营商所得到的亚轨道太空飞行经验以及太空游客的体验将成为开启太空航线的关键，并将促进未来太空业的发展。

图 9. 18　未来的高级宇宙飞船是这样的吗；这是俄罗斯展览中的 BOR-4 无人太空飞船
（图片由 http：//www. buran-energia. com 网站提供）

10

第十章　前往月球：月球空天飞行器

未来的月球太空船将是空天飞行器。相较于进入地球轨道而言，空天飞行器飞向月球的难度较小，而（从月球）飞回地球的难度则更小。只要设计一架单体飞行器，飞向月球，再飞回来——简单、运转良好、可靠。但是，这真的能实现吗?

如将有翼航天器应用于月球太空飞行，这一设想行得通吗?毕竟，机翼、垂直稳定翼、起落架等类似飞机结构的额外质量都会成为航天器的固定负载，是航天器在起飞升空、向月球加速推进的过程中必须承受的。不可否认，这些争论具有合理性，但却绕开了真正的问题——复用性。正如我们所见，复用性是太空飞行行动的关键所在。要想使从月球返回的航天器实现重复使用，机翼是必不可少的。出于再用性的考虑，曾用于“阿波罗”飞船以及如今的“猎户座”飞船的钝形再入体是不合适的。即使存在再用性，也仅是部分。而且，部分再用性会增大行动的复杂性，进而为未来的空间进入行动埋下祸根。考虑以上因素，那么操作简便的月球空天飞行器该如何运作呢?

一、月球幻想

当先进的空天飞行器抵达近地轨道后，其轨道逗留一般受存储的食品、水、氧气以及机动推动剂的限制。由于主要推进剂已消耗殆尽，空天飞行器基本上成为一个带翼空油箱，在大气外部沿着轨道飞行。在这种情况下，空天飞行器唯一的选择就是从某一点再次进入地球大气层并着陆。

但是如果空天飞行器在轨道上，而不是在地面上进行燃料补充，那么可以设想情况就会变得大不一样了。此时的空天飞行器拥有 8 km/s 的动能优势（更不用提在约 320 km 的高度上拥有的势能），在轨道上补充燃料之后又再次具备了执行 ΔV 需达到 8 km/s 的各类太空任务的能力。然而，月球任务（事实上，也是所有脱离地球引力区的任务）不需要这么高的速度——仅需约 3.2 km/s。这展现出巨大的潜力：冲出地球轨道的速度仅为一开始进入近地轨道所需 ΔV 的五分之二。因此，在轨道上补充燃料的空天飞行器具备完全充足的推进剂，一路飞向月球并返回。剩余的推进剂可用于补充月球车，在增强空天飞行器的空间机动能力的同时，还可降低返程中再入大气层的速度。最后剩余的推进剂可用于大气层内部的机动飞行，包括重回错过的路线或者在着陆阶段实施盘旋。这些都提高了安全性。

毋庸置疑的是，未来的空天飞行器将会具备直接着陆月球的能力，只不过最初可能会借助某种绕月轨道会合的方式。月球登陆车穿梭于月球表面和绕月轨道之间。拥有庞大推进剂箱的空天飞行器可在轨道上为登陆车补充燃料，转运前往月球的乘客，并接回返回地球的人员。这些空天飞行器不仅可运送往来于绕月轨道的太空游客，还可为月球上的基础设施进行物资补给。通过这种方式，太空公司可最大化提升太空行动的经济性。

月球空天飞行器执行任务通常需要 1 周时间。让我们来熟悉一下任务是如何展开的。可搭载 50 名乘客的空天飞行器由地面车辆从机库门拖出并牵到跑道的一端。这样可以尽可能减少空天飞行器起飞前的推进剂损耗。批准起飞后，飞行员开启吸气式涡轮火箭发动机，推油门杆，并松开制动装置。飞机迅速加速，在隆隆声中冲向天空。此时，飞机的绝大部分推进力是借助空气的。10 min 后，它来到装有沉重的氧化剂的空中加油机旁，将依靠这些氧化剂前往太空轨道。空中推进剂传输将再需要 10 min，把液氧或过氧化氢加注完成，随后飞机所有发动机立即关闭，并上仰调整至最佳飞行方位，将地球引力和阻力损失的影响降至最低，同时能够最大化地利用气动升力。然后，空天飞行器就已飞离可感知到的大气层，并完全像太空船一样飞行。塞式发动机可提供高层大气至轨道高度的高度补偿，充分发挥推进剂的效能。通过这一阶段，连同前期依靠空气喷气动力上升的阶段，空天飞行器的比冲和 ΔV 获得大幅增加，达到了抵达轨道的要求。起飞后 30 min，空天飞行器的飞行高度达到 160 km，航速达到 28 000 km/h。空天飞行器抵达近地轨道。约 45 min 后，空天飞行器抵达 320 km 高的远地点，机长将发动机短暂开启，进入圆形远地轨道飞行。

飞行的下一个阶段为轨道推进剂传输，也就是飞机与轨道燃料加油站会合。空天飞行器加油机的定期飞行确保加油站的燃料得到持续补充。与轨道燃料加油站在一起的空间机器人将燃料和氧化剂管插入空天飞行器的燃料口中。第三条管传输纯水。传输泵依靠太阳能电池的能量传输推进剂，很快飞机做好了月球飞行的准备。

对绝大多数乘客而言，他们生平第一次飞离地球，那种冲脱地球吸引力的控制，目睹自己的星球在太空中运转的兴奋感着实令人惊叹。正如未来太空游客能够体验到的，在太空中看到地球这片美丽绿洲必将不断改变人类对自己以及自己在宇宙中的地位的看法。从这种类型的经历中获得的收获，经过全世界人们的重复多次体验，可促进整个人类向着更好的方向发展。

现在有趣的经历开始了。乘客们期待着体验 3 天的自由落体，从飞机升空一直到月球。期间，他们将在机舱中自由漂浮和跳跃，从舷窗中瞭望地球、月球和其他星球，并基本适应失重的环境。每个太空公司都在观景舱配备了望远镜，供所有乘客观光娱乐。通过这些，每个人都可以一览无余地欣赏到“天堂”中的所有景致。

当飞机接近月球时，舱内喋喋不休的声音再次活跃起来，人们期望着看到从地球上无法看到的月球背面。随着飞机接近月球边缘，地球消失在人们的视野中，所有的眼睛都紧紧盯着舷窗。这是乘客们生平第一次无法看到自己的世界。月球背面最显著的特征之一是齐奥尔科夫斯基火山口，这是以著名的苏联火箭专家的名字命名的（图 10.1）。现在，机长宣布所有乘客和机组人员要坐在座位上并系好安全带，飞机要减速进入月球轨道。通过使空天飞行器转向来让火箭发动机关机，使其反向飞行，并启动机尾的反向机动发动机。此时，乘客感觉如同加速前进，而非反向减速。机组成员检查各项仪表，确认空天飞行器进入预定轨道。乘客们再次获准离开座位活动。在观赏了地落和月球背面的景色后，下一个观景活动就是观赏地球从荒凉的月球山脚下升起。每位游客争相效仿“阿波罗 8 号”的首批月球宇航员，拍下各自版本的“地出”照片。

图 10.1 “阿波罗 8 号”的宇航员拍摄的位于月球背面的齐奥尔科夫斯基火山口；1959 年，苏联的“月球三号”无人探测器首次发现了这个火山口，并以苏联航天之父齐奥尔科夫斯基的名字为其命名；火山口的直径约为 400 km

（图片由美国国家航空航天局提供）

再次环绕月球一圈后，乘客们听从指令再次落座并系好安全带。空天飞行器与月球飞船交会对接的时间到了。当乘客们都伸长脖子想要看得更清楚的时候，有些人会瞥到一个身形笨拙的飞行器，它看似完全缺乏适航性。这就是即将把他们从空天飞行器运送到布满尘土的月球表面的飞行器。随着飞行器越来越靠近，它的怪异外形愈加清晰。它看上去更像一只螃蟹，有着又短又宽的身体、6 只瘦长的腿，还有从中间部位“长出”的各种天线。事实上，这种设计非常适合太空航行，能够为飞行人员和乘客提供最佳的安全性、舒适性和效率。它整体上看又短又宽，但可有效避免翻覆，甚至能在坑洞的斜坡上降落。与空天飞行器一样，它可以搭载 50 名乘客和 5 名机组人员。对接后，空天飞行器和月球飞行器之间的两个舱门都打开，这样乘客们就可以快速实现转乘，同时又尽可能保持了转乘过程中的秩序。100 名乘客高效地穿梭于空天飞行器和月球飞行器之间，就像一出经过排演的空中芭蕾。与此同时，空天飞行器将纯水输送到缺水的月球飞行器上。待飞行器降落月球后，这些纯水将被提炼成火箭推进剂，供多台月球飞行器使用。

这种对不远的将来的设想只是相对而言不太成熟的月球规划的一个缩影。推进剂可从地球被运至月球，却不能从月球被带到近地轨道。月球空天飞行器也仍没有先进到可以直接在月球上登陆。尽管如此，如果可搭载 50 名乘客的月球飞船定期穿梭于月球轨道和月球之间，月球之旅也是可以全面铺开的。

二、为什么要去月球？

在美国国家航空航天局于 1984 年召开的第 1 届月球移民会议上，德裔美籍航天科学家 Krafft Ehricke 博士宣称："如果上帝想要人类成为能够进行航天旅行的生物种群，他早就该把月球赐予人类。"事实上，月球就在那里（图 10.2）。月球是人类练习太空飞行和生存的最佳地点。它离地球非常遥远（距离达地球直径的 30 倍），为人类实现穿越带来了挑战；它的引力非常微弱（仅为地球标准引力的六分之一），使人类着陆并起飞升空的难度相对较小；它高高栖身于地球之上，地球的万有引力边缘也难对它产生影响，这方便人类返回地球家园。但是，太空船仍会受到诸如减速和大气再入这些难题的挑战。同时，月球也可成为未来人类星际飞行的集结地。月球的环境相当恶劣，人类若无法适应，就会死亡。然而，鉴于月球离地球还是相当近的，救援飞船也能够在数日内抵达。月球是绝佳的现实实验室，可供人类练习太空飞行和星际飞行。不可否认，我们人类拥有这样一个巨大的月球还是相当幸运的，它算得上是太阳系中最大的卫星了。

返回月球以及坐飞船到月球的主要原因就在于月球存在于那里。就连哥伦布当时也不知道，前方将会有一片新大陆等待着他去发现。但是他仍然勇敢地在大海中前行，名垂青史。如若没有精良的舰队，他也不可能发现新大陆。早在哥伦布环球航行 500 年前，另一队航海家——北欧海盗——也曾发现过同样的大陆，他们一路从挪威爱尔兰，到冰岛，再到格陵兰，最后到达了北美洲海岸。他们也

图 10.2　一直以来月球激发出人类无尽的遐想，吸引人类去探险，
这是未来月球游客在月球转移轨道射入之前可以看到的景象
（图片由美国国家航空航天局提供）

同样拥有精良的舰队。北欧海盗和哥伦布还有其他共同之处：精通驾船技术，以及大胆探索未知世界的欲望。此外，他们航海的主要原因是他们相信新大陆的存在，而且他们也非常好奇。当然，无论是北欧海盗还是哥伦布都不知道新大陆的价值。而我们也尚不清楚月球的所有潜在价值。

我们可以借助火箭和模块化航天器到达月球，但是我们真正需要的还是设计完善的宇宙飞船，它不会使用一次就报废。我们在前一章中描绘的先进的空天飞行器就属于这种宇宙飞船。通过合理利用资源，精良的宇宙飞船将开拓月球和星际要塞，不会浪费硬件资源或将月球变成政府的垃圾倾倒场。让我们来探索一下月球将会带给我们什么资源，我们第一次该如何到达月球以及当考虑再次返回月球探险时我们应该带上什么物资。

三、月球资源

地球并没有像月球一般巨大的商业卫星。事实上，我们的卫星与它的母行星相比太过庞大，有些学者将月球和地球称为一对双行星体。地球和月球之间的航天飞行与星际飞行相似，只是规模大大缩小而已。月球比冥王星大，几乎与水星一样大。目前月球与地球的距离约为 384 000 km，但这并非一直不变。月球以每年 25 mm 的速率往后退。通过将时间往前推算，科学家们推断月球在最初形成时要离我们近得多。有些学者甚至认为月球其实“脱胎”于地球，早在恐龙，或者三叶虫，抑或“首个单细胞动物”时期从如今的太平洋海盆中神秘地分离出去的。他们将仍然包围在太平洋地区的环太平洋火山带作为证据。但这已是一个过时的想法了，它源于一个过于简单的设想，即月球渐进式的后退可以进行时光反转，追溯至行星裂变期进行推断。借助高级计算机生成的轨道和碰撞分析，有关月球起源的最新理论是，在太阳系形成初期，一颗火星大小的天体撞击原始地球后，月球才开始形成。这大概发生在 45 亿年前。两颗行星的撞击导致凝结物生成以及行星裂变过程中大量物质重新组合，较小的物体完全消失，同时大量碎片被甩到轨道上，初步形成一个环状系统。早期的地球经历这次意外的转变后，发出红色的热气，看上去就像土星的“小姐妹”。不久，大约十亿年左右，行星环状系统合并形成月球。这一理论解释了月球为何不与地球赤道在同一平面的原因，也有助于解释为什么月球核心这么小。月球主要由从早期地球喷射出去的地幔物质组成。

那么月球对于我们而言有什么作用呢？正如上文所提及的，最大的收获是月球有助于人类成为太空生物种群。月球可像地球一类的行星成为理想的行动基地，发展未来人类太空文明；它有助于我们积累经验以主宰太阳系，就像斯堪的纳维亚最终成就了北欧海盗的霸主。这是一种无形的资源，尽管它也是一个物理存在，非常真实，离我们很近。除了从前往月球的太空飞行中获得的实践经验，月球还有区别于其他星球的地质地貌。那里有地球上不存在的表面岩层；它的两端极影区可能存着大量的冰水资源；在它尚未被勘探的洞穴里可能隐藏着未知的宝藏。我们可以设想找到一件外星人物品，一架坠毁的、来自太阳系以外某个行星的宇宙飞船，甚至一具外星人的遗体。对科学家而言，月球是一间自然实验室；对地质学家而言，月球是一个天堂；对于天文学家而言，这种宇宙视野是毫无阻碍的；对于射电天文学家而言，月球的背面是没有地球人造射频干扰的一方净土；对于生物学家而言，月球的恶劣环境可用以测试多种生物体的生存性。植物学家可以培育能在月球生存的最佳植物，使之可以安然度过长达 2 周的月球黑夜；火箭学家可以从月球土壤中直接合成或者从冰水资源中电解出推进剂；环境工程师也可以从同样的资源中生成维系生命的氧气；核工程师将在月球中开采地球稀缺的氦-3，用作地球核反应堆的燃料。这些仅是我们的好卫星可以供给资源的一部分而已。不过，我们还是需要先进的空天飞行器才行。

为了维持地球与月球之间的航天飞行，月球上可用于合成火箭推进剂的资源是自然赐予人类的一份巨大恩惠。月球上有两种颇具投资价值的资源：两极地区的资源以及月表土。“克莱门汀号”飞船曾于 1995 年在月球两极发现了水存在的证据。人们据此推断在月球两极太阳无法照射的黑暗地区存在着冰水资源。此外，“阿波罗”飞船的宇航员带回的标本经检测含有大量的氦-3，它是氦的重同位素。

水以冰的形式大量存在于太空中。这看似不可思议，但是事实已证明，太阳系充满了冰类物质。冥王星和其他昏暗小行星所在的柯伊伯带也被称为冰带，再往外是充满着大量彗星的奥尔特云，这些也都是冰质物。木星的三颗较大的卫星——木卫二、木卫三以及木卫四也都拥有大量的冰资源。据称，木卫二还拥有大片液态水资源，其体积比地球的七大洋还要大，永久封存在冰壳之下。火星的两极以及地表下也有庞大的冰资源。所有这些都坚定了人类的希望：在月球上也可以找到冰水。美国国家航空航天局月球飞行计划目前正重点关注月球两极地区，希望能够在常年黑暗的陨坑中找到冰水资源。如果这种资源确实存在，宇航员才有可能通过开采冰水的方式在月球上生活。冰在融化和净化后，具有许多用途，比如被加工成饮用水、火箭推进剂和维持生命的氧气。

45 亿年来，月球一直吸收太阳风粒子，粒子逐渐沉积在月表土壤中。这些粒子是氦-3 的原子。氦-3 是太阳光谱中最早发现的惰性元素同位素。地球上氦-3的数量非常少，而月球上却相当丰富。该同位素，即氦的重同位素，有朝一日可能会成为 21 世纪地球核聚变技术的重要燃料，这当然得依靠月球的供应。

为生产氦-3 而进行的月表土开采也可令人类得到许多意想不到的收获，直接造福于太空设施。在提炼这种地球稀有元素的过程中，还有多种重要的“副产品”也随之生成，具体包括大量的氧气、甲烷、二氧化碳和水。这些化合物，或者其所含元素都深藏于月表土中，可用作推进剂以及生命给养。

四、“阿波罗”计划

就在肯尼迪总统宣布登月目标 8 年后，人类就登上了月球，行走在原始的月表之上，这个事实是相当惊人的。载人飞船“阿波罗 8 号”于 1968 年的圣诞节首次抵达月球。当时任务成员有三名：弗兰克·博尔曼、詹姆斯·洛威尔和威廉·安德斯。在那个圣诞节前夜，当他们在月球轨道上绕行时，他们都找了个舒服的姿势，从第一章开始读《创世纪》，那时他们正飞在离生命创造地很近的“天堂”之上。我还记得那次飞行，当时我 7 岁，还走到屋外想亲眼看看是否能在月球附近找到那艘飞船。当时我确定我看到了一个微小的斑点，一个离我们的卫星非常近，很不起眼的小圆点。这是我童年的幻想！（图 10.3）

图 10.3　1972 年 12 月，“阿波罗 17 号”使用“土星四号”火箭准备向月球起飞，这是“阿波罗”计划中的最后一次月球飞行

（图片由美国国家航空航天局提供）

首次月球飞行是一个大胆的举动，飞船搭载3名勇士冲出地球，掀开了人类航空史上崭新的一页。当时“阿波罗8号”飞船没有登月舱，因为当时项目的分包商格鲁曼公司仍在完善最后的细节。这就意味着如若飞船主体（即联合指挥与服务舱）发生任何闪失，飞船上的人员将被困在月球轨道上，甚至更糟——被困在太阳轨道上。然而，一切都按计划进行，最终机组成员安全返回地球。

在“阿波罗”计划中，火箭和航天舱是成功的关键。这两者与称为“绕月轨道会合”的新技术相结合，确保了人类首次载人月球飞行在1970年之前就取得了成功。在登月任务中，8艘独立的火箭飞船协助宇航员抵达月球。月球任务分为三个发射段，即发射逃逸塔、登月舱和指挥舱。后两者都由两部分组成。通过将登月舱的下降级留在月球上，上升级与指挥舱对接，飞船从月球表面升空所承载的重量被控制到最小。通过尽量控制飞船的登陆和升空重量，任务所需推进剂的总量也得以控制，进而降低了“土星5号”运载火箭执行任务的难度。“土星5号”是迄今为止人类建造的规模最大的火箭，它长110 m，起飞质量约2 925 t，能够产生33 363.4 kN的推进力。它的起飞速度较慢，它巍然从发射塔升空，但随后可迅速加速，将搭载的航天舱送入轨道。

为什么火箭和航天舱概念在“阿波罗”登月计划中取得成功呢？原因就在于，飞船在每次发射任务中都需要独立完成整个飞行任务，而且飞行中推进剂的用量也尽量被压缩到最少。该计划从未设计过太空补给。“土星5号”运载火箭发射时搭载了任务所需的所有物资，所有的推进剂以及供两名宇航员登上并离开月球，同时另一名宇航员留在月球轨道待命时所需的所有设备。飞船中的每件装备都不能重复使用，在完成使命后都要被丢弃。因此，尽管宇航员总是能在飞行中使用崭新的设备，但代价是相当高昂的。

“土星5号”火箭共由三级组成。第一级使用5部巨大的F-1发动机。该型发动机以煤油和液氧为燃料，每台发动机可产生6 668.8 kN的推力。使用煤油的原因在于煤油可产生更大的推动力，使飞船从发射架上顺利升空。就质量流率而言，它的不足之处在于其推进剂损耗较高，且比冲比液氧小。虽然如此，在飞行的这一阶段，原始推动力比比冲重要得多，因为航天器的运动速度相对而言仍然较低。当第一级燃烧完毕并下落后，第2级5部J-2发动机取而代之。它们采用液氧和液氢推进剂。在这阶段速度进一步提升，比冲比单纯的推动力要重要得多。要知道比冲为火箭推动力与推进剂质量流率的比值。与煤油相比，液氢的比能更高，而密度更低，因而生成的比冲也更高，因此成为第2级和第3级火箭的推进剂。当第2级推进剂消耗完毕后，第三级火箭的单J-2发动机担负起使命，将飞船送至近地轨道。这台发动机可以被关上并再次开启，第三级火箭通过这种方式将飞船推送至月球。

第三级火箭S-ⅣB完成任务后，飞船已建立起通往月球的高速滑行通道。指挥舱分离，调转并与登月舱对接。然后指挥舱拉出登月舱接合器（在大气上升阶段用以保护登月舱），之后指挥舱与登月舱继续向上飞行。这时由于S-ⅣB不再发挥作用，因此被弃置一边，详见第4章的图4.7和图4.9。

这时，飞船由原来的8个部分减少为4个部分。发射逃逸塔——当火箭发生爆炸时帮助宇航员所在舱从飞船主体分离的装置，在向月球轨道上升的过程中已被抛弃了。飞船还剩下指挥舱、服务舱、登月舱的上升级和下降级。飞船在服务舱尾部的辅助推进系统发动机的推动下进出月球轨道。如果这个发动机失灵，尤其在登月舱推进剂耗尽后如果发生任何故障，宇航员将会被困在太空中。当进入月球轨道后，两名宇航员从指挥舱转移到登月车中，与飞船分离，并降落到月球表面。借助下降级的发动机系统，宇航员飞到预先选定的着陆区。脱离月球轨道后，登月舱借助上升级发动机降低前进速度（图10.4），月球引力将飞船牵引至月球表面附近。通过谨慎调整登月车的高度，下降级发动机可降低其垂直速度和水平速度，因此在登月车刚要着陆的时候，登月舱正好悬停在着陆区的上空。

宇航员完成登月考察后（图10.5），返回上升级，将下降级当作发射台，点火返回月球轨道。如果此时上升级的发动机出现故障，宇航员就被会困在月球上。此时，完成月球探险的两名宇航员与独自留在指挥舱的宇航员会合，带回从月球采集的岩石和标本，并抛掉登月舱上升级。

图 10.4　分次曝光照片显示了登月舱如何接近着陆区，
以及它着陆前如何在着陆点上空短暂悬停
（图片由美国国家航空航天局提供）

图 10.5　“阿波罗 16 号”飞船的宇航员约翰·杨在月球微弱的引力中
跳跃行走时向美国星条旗敬礼，月球车停靠在登月舱旁
（图片由美国国家航空航天局提供）

三名宇航员会合后，飞船继续缩减成两个部分。服务舱发动机将飞船带离月球轨道，开始返回地球之旅。当飞船抵达大气层时，飞船已加速到约 40 000 km/h (11.2 km/s)。在重返大气层之前，飞船抛掉圆柱形服务舱，只留下一个圆锥形指挥舱在防烧蚀隔热罩和船首冲击波的保护下独自进入大气层。在任务的这个阶段，飞行员承受的重力加速度达 6.8 g，一直到制动伞和主降落伞打开，飞船返回舱落入大海。

与航天飞机飞行员不同的是，宇航员要等待美国海军执行救援回收工作(图 10.6)。直升机放下蛙人，飞船打开安全环状浮袋，救生筏为宇航员准备就绪。宇航员在蛙人的帮助下出舱，登上救生筏，最后被送至航母的甲板上。

图 10.6　“阿波罗 2 号”溅落在海上，等待美国海军回收，在本次任务中宇航员首次登上月球
(图片由美国国家航空航天局提供)

“阿波罗号”飞船的航天舱确保了登月任务取得成功。这一系统运行出色，“阿波罗号”圆满完成既定目标。在当时，这种航天舱概念是一种正确选择。但是未来该如何选择呢？

五、“星座”计划

美国计划在 12 年内重返月球，这是美国国家航空航天局“星座”计划的一个部分。美国正在研发新型运载火箭和航天器，力争在 2020 年年底前将宇航员再次送上月球。“战神”运载火箭将在各级火箭中同时使用固态和液态燃料。

“猎户座”飞船将扩充“阿波罗号”的指挥舱，它能够在地球轨道飞行时搭载6名宇航员，在抵达月球时搭载4名宇航员。与“联盟号”飞船相似的是，“猎户座”飞船的服务舱将配备展开式太阳能电池板。与航天飞机相似，“猎户座”飞船的助推器是可以重复使用的固态推进剂火箭，由5段组成。与“阿波罗号”相似，“猎户座”上级采用新型J-2X发动机，这是在原“阿波罗号”的J-2发动机的基础上发展而成的。与“阿波罗号”不同的是，每次月球任务将进行2次发射，该飞船的圆锥形乘员舱可被重复使用10次。尽管最初计划要求在陆地上进行伞降着陆，但现在计划更改为降落在东太平洋上，这与“阿波罗号”非常相似。

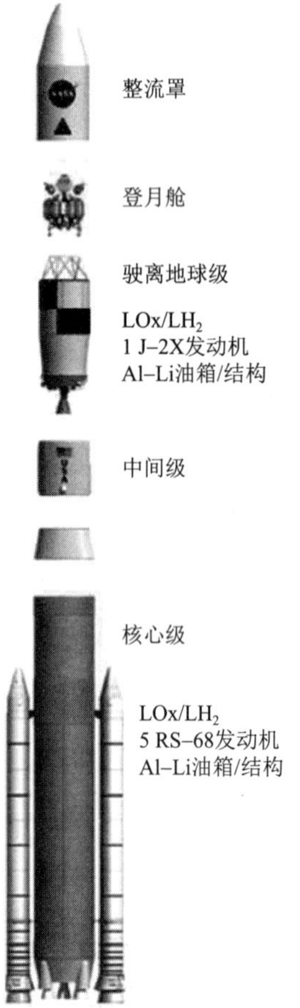

图10.7 “战神5号”无人驾驶火箭，用来发射重负载，包括地球出发级和登月着陆舱，而小型的“战神1号”火箭将发射宇航员（图片由美国国家航空航天局提供）

在撰写本书之时，月球返回飞行计划好像是这样的：1艘无人驾驶的“战神5号”运载火箭（图10.7）从卡纳维尔角空军基地起飞升空，该火箭包括一个满载推进剂的地球出发级和一个称为月球着陆舱（LSAM）的登月飞行器。月球着陆舱由两个舱组成，这与“阿波罗号”的登月舱相似。它们将在近地轨道等待宇航员的到来。然后，“战神1号”搭载1艘“猎户座”宇宙飞船和4名宇航员起飞升空，与先前无人驾驶的“战神5号”运载火箭会合。“猎户座”与地球出发级和月球着陆舱对接，随后飞船在地球出发级发动机的推动下飞速升向月球。地球出发级在推进剂耗尽后将被抛掉，这与S-ⅣB相同。此外，与“阿波罗号”相似的是，此时飞船升向月球的过程中只剩下5个舱，但不同的是，月球着陆舱对接发生在近地轨道，地球出发级推进剂耗尽之前，而不是像“阿波罗号”发生在S-ⅣB燃尽后前往月球的途中。在到达月球背面后，飞船使用月球着陆舱的发动机（而不是服务舱的发动机）减速并进入月球轨道（图 10.8）。下一步，所有 4 名宇航员转移到月球着陆舱，降落到月球上进行为期约 1 周的探险活动，将空无一人的“猎户座”飞船留在月球轨道上。在“阿波罗号”飞船上，指挥舱领航员要留在月球轨道上，而其他两名宇航员去月球考察。月球着陆舱在“阿波罗号”登月舱的基础上规模有所扩大，由 1 个 4 脚下降级和 1 个载人上升级组成。与“阿波罗号”登月舱下降级单发动机不同的是，月球着陆舱的下降级配备 4 台发动机，同时其上升级也配备了 1 台相同型号的发动机。月球着陆舱只能使用一次，这与登月舱是相同的。着陆地点选择在靠近月球两极，目的是希望能够在那片地区找到冰水资源。与“阿波罗号”相同的是，“猎户座”显然也没有在太空中进行燃料补给。

图 10.8　地球出发级与月球着陆舱拖着“猎户座”的乘员舱运行在地球轨道上，准备进入月球轨道

（图片由美国国家航空航天局提供）

最初的“战神/猎户座”登月计划是什么样的呢？乘员舱和服务舱实际上是完全复制“阿波罗号”的，只是在原基础上进行了扩大与升级，配备了性能更强的电脑系统以及扇形太阳能电池板，可被重复使用 10 次。月球着陆舱（图 10.9）是“阿波罗号”登月舱的加强型版本，在下降级增加了 3 台火箭发动

机，但不能进行燃料补给或重复使用。地球出发级相当于规模增大的S-ⅣB，甚至还使用了相同的J-2发动机，只是升级到J-2X而已。发射逃逸塔仍沿用阿波罗时代的技术。固体火箭助推器也是借鉴航天飞机的，只是加长了一段而已。因此，这一计划没有任何创新，甚至连程序也不是新的。可以说，没有一项算得上首创。“阿波罗”计划，包括先前的“水星”计划和“双子座”计划，在每各个方面都开了先河：太空人（尽管女性上太空要等到航天飞机，瓦莲京娜·捷列什科娃是个例外）、航天器外活动（或称为太空行走）、轨道交会对接、防烧蚀隔热装置、溅落和回收作业以及月球着陆。相比之下，“星座”计划没有任何创新，甚至在太空燃料补给方面也没任何突破。也就是说，当每个舱的推进剂耗尽后，就变成了一个无用的空壳，一堆太空废弃物。不管怎样，“星座”计划成就了首位女宇航员的月球创举，这也是值得称颂的。

图10.9　在完成月球考察任务后，月球着陆舱的上升级起飞升空，月球着陆舱可将4名宇航员带上月球

（图片由美国国家航空航天局提供）

“星座”计划中唯一可实现重复使用的是固体火箭推进级和“猎户座”乘员舱这两个部分（图10.10和图10.11）。与“阿波罗”计划相比，这也是值得赞扬的。“战神/猎户座”计划中航天飞行的概念比空天飞行器更加安全与简便。如若起飞时发生不测，发射中断系统（与“阿波罗”计划中的发射逃逸系统是

一回事）将启动并快速使乘员舱安全地从故障推进器中分离出去。而且，该计划设计将“猎户座”飞船置于火箭顶部，大大减轻了下落残骸可能对其造成的影响。但是不管怎样，“星座”计划还是沿用了火箭与航天舱的设计理念。

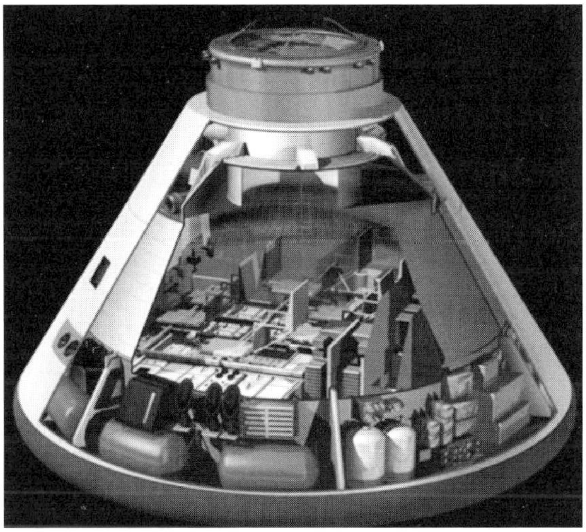

图 10.10 “猎户座”飞船的乘员舱是“阿波罗号”飞船的指挥舱的增大和改进型，可用于执行国际空间站、登月乃至火星飞行任务

（图片由美国国家航空航天局提供）

图 10.11 “猎户座”乘员舱进入地球大气层，之后在海上溅落或在陆地着陆，不管以何种方式着陆，由于返回舱没有机翼，都需要借助大型降落伞

（图片由美国国家航空航天局提供）

六、先进的宇宙飞船

为了实现未来月球航运系统的繁荣发展，我们需要先进的宇宙飞船。而先进的宇宙飞船在本质上应该是可以在真正意义上实现重复使用的飞船。正如我们所见，地球轨道飞船实现重复使用的最佳方法是在飞船上安装机翼。这就是空天飞行器。同样，单级入轨空天飞行器拥有庞大的推进剂油箱，是理想的太空加油机。由此可得出这样的结论：未来最好的空天飞行器将会是带翼的太空加油机。自然，它也将成为太空基础设施的重要组成部分，在需要时为其他先进的宇宙飞船补给燃料。对于在月球附近飞行的先进的宇宙飞船而言，情况就大不相同了。月球上没有空气，因此先进的宇宙飞船在月球飞行时是不需机翼的。而且，月球的引力仅为地球的六分之一，因此先进的宇宙飞船所需的燃料更少，但是要成就先进的宇宙飞船，它们还是需要进行燃料补给的。这就意味着其他某种飞船要运来燃料，除非可以在月球上找到燃料。如果在月球上找到推进剂，那么人类可通过某种方式将推进剂运到近地轨道。那么所有这些与月球空天飞行器有什么关系呢？答案是显而易见的。空天飞行器是唯一能够往返月球，运送推进剂的飞船。

所有能在地球和月球之间飞行的先进的宇宙飞船都必须能够利用地球大气进行空气动力制动。这就是说，所有先进的宇宙飞船从月球返回时必须依据空气动力学进行设计。使用钝形密封舱设计是一种解决方法，但并不完美，因为对于模块化概念而言，这种设计是不完善的。空天飞行器，无论是采用双三角翼、升空体，还是融合翼机体设计，都要比任何一种再入密封舱要优越得多。空天飞行器具有简易、全面、自主、可实现太空燃料补给、完全重复使用以及功能强大的特点。空天飞行器算得上是完美的宇宙飞船，而不是只能一次性使用的飞行器。

将模块化飞船与空天飞行器在登月任务上进行比较时，就任务的复杂性而言，比较结果也显示出一些有趣的事实。正如每位工程师所了解的，复杂性往往导致任务失败，因此系统建造得越简单，其稳定性越强。可是，模块化概念是相当复杂的，因为它牵涉诸多组成部分。而且，模块化飞船执行任务的效率不高，因为它往往会把同一件事情重复执行多遍。例如：航天舱首先会使用一组推进剂油箱和一种发动机，然后（在将它们丢弃后）会使用另一组完全不同的推进剂油箱和另一种发动机，每种都有复杂的增压系统、管道、阀门、喷管以及常平架等。当然，这么做的原因是飞船无法在太空中进行燃料补给。讽刺的是，使用多套航天舱这种方式的本意是保持飞船重量并节省推进剂的用量，结果反而造成飞船的总重量增加。表 10.1 将三种宇宙飞船，即“阿波罗号”“猎户座”以及空天飞行器准备驶离地球轨道时的状况进行了简单比较。先进的空天飞行器可以进行燃料补给，因此配备了输油口，而其他两种飞船却没有。这是先进的空天飞行器比模块化飞船唯一的复杂之处。进入月球轨道时模块化飞船已抛掉许多舱室，而空天飞行器与之相比，仍要简单 2 倍，因此效率也相应高出 2 倍。

表 10.1　进入月球轨道的模块化飞船与空天飞行器复杂性的对比

对比项目 \ 飞行器	“阿波罗号”	“猎户座”	空天飞行器
燃料箱	4	4	1
氧化剂箱	4	4	1
发动机	4	7	3
高度控制系统	4	4	1
乘员舱	2	2	1
舱口	4	4	2
对接口	2	2	1
燃料口	0	0	2
耦合器	4	3	0
总计	28	30	12

假设月球空天飞行器是可行的，那么它的真正价值是什么呢？答案还是空天飞行器作为加油机的内在优势以及带翼飞船的复用性。月球空天飞行器在必要时可将推进剂运送至月球，如果在月球发现所需资源也可以通过空天飞行器运回来。这表明空天飞行器的这些未来潜力都是有价值的。让我们从每个方面一一看起。

空天飞行器有三个突出的用途：① 将推进剂运送到月球；② 从月球运回推

进剂；③ 往返于月球和地球，运送乘客和散装货物。第三个用途可以和前两个用途中的任一个相结合。

第一个用途是建立在月球上没有发现冰水资源的假设之上的。为了维持月球飞船在月球表面和月球轨道之间的飞行活动，就必须要从地球运来推进剂。这个代价相当昂贵，但是可以选择建造一种新型月球空天飞行器来执行每项任务。如果不能为月球飞船提供长期、稳定的推进剂来源，那么行动将难以维持下去。那么我们该如何将推进剂带到月球去呢？第一步是借助空天飞行器的一系列飞行活动，使近地轨道站得到充足的推进剂供给。我们要确定使用哪一种类型的推进剂最佳。最好的解决方法是将普通水运送至近地轨道站，然后再运往月球。在那里，普通水可被电解为制造火箭推进剂的必要成分——液氢和液氧。这样做与水的密度有关。与火箭推进剂相比，水占的体积较小。而且，水是惰性的不易爆炸物，运输的安全性更高。再者，水在航天器之间进行传输的难度小，而且没有风险。

这里就引出一个问题，月球基础设施可以通过设计简单的火箭加油机而不是空天飞行器进行供给吗？这种类型的加油机能够用来再补给近地轨道站，或者甚至直接补给空天飞行器吗？答案是否定的，除非火箭也是可以重复使用的运载装置。此外，这些将会是一次性任务，成本效益分析也表明这个想法是行不通的。

月球飞船通过接受火箭油船的燃料补给可以实现重复使用，同时无翼火箭油船本身在推进剂输送完毕后却成为无用的废船，因此净收益为零。无翼火箭油船无法再进入地球大气层，因而对其无法实现重复使用。当谈到未来的太空基础设施时，显然带翼运载工具在太空中拥有与在地球上同等的重要性。

第二个用途是建立在月球上未发现数量可观的冰水资源的假设之上的。这种情况就变得完全不一样了。那时月球变成了太空旅行的重点。月球空天飞行器将月球冰以纯水的形式运送到近地轨道的推进剂补给站。完成该任务时，空天飞行器先以 40 000 km/h 的初速度，然后再空气制动至 28 000 kWh 进入地球大气层，完全依靠其自身的气动设计和大气作用达到 ΔV。月球水资源可以通过这种方式被传输到近地轨道的“加油站”，在那里借助太阳能，水可被电解成有用的推进剂。空天飞行器从地面抵达这些“加油站”后可以得到补给，随后继续搭载着乘客驶向月球，轮换月球人员，更新物资，并于数日后运载另一罐月球水返回。这样，每一个空天飞行器“乘客”都为建立高效的月球交通基础设施作出了贡献。

但是为什么空天飞行器要一路从月球运来水，而不是从地球呢？毕竟，地球离近地轨道的距离仅是月球的千分之一，而且地球上的水资源要比贫瘠的月球丰富得多。其实，从月球到近地轨道的 ΔV 与地球到近地轨道远地点的相比是可以忽略不计的。航天飞行难度最大的部分就是最初的 320 km 高度，而且更重要的是最初的时速 28 000 km/h。这与沿着长而陡峭的山丘往下走和攀爬一座高峰之间的区别一样。因为地球引力，所以下山总是要容易一些，而月球飞行也和下山一样。

月球任务中的模块化设计实际上是将火箭和航天舱进行最大限度的拓展。通常宇宙飞船驶离地球轨道需要 3 级火箭进行推动，而驶向月球还需要 3 级。因而，这种飞船比空天飞行器的成本要高得多。空天飞行器只需要在近地轨道补给液态推进剂就能继续飞向月球，而“阿波罗号”和“猎户座”飞船的月球飞行至少要依靠 6 级火箭，每级火箭还要配备发动机、油箱、级间舱、推进剂增压系统等。飞船必须通过依次抛掉耗尽燃料的火箭级并继续借助剩下的燃料充足的火箭级来完成月球任务。当 3 级助推火箭的燃料耗尽后，飞船已经驶离近地轨道向月球飞去，那时还剩下 3 级火箭或航天舱，即服务舱，登月舱的下降级和登月舱的上升级。就“阿波罗号”而言，服务舱担负着飞船进出月球轨道的任务，而登月舱则负责将两名宇航员送至月球并返回月球轨道。就“猎户座”而言，巨大的月球着陆舱下降级将飞船送入月球轨道，服务舱唯一的任务就是将宇航员送出月球轨道并返回地球。“阿波罗号”和“猎户座”的上升级都仅有一个目的，那就是运送宇航员和约 100 kg 的岩石样本从月球返回到月球轨道上的乘员舱。由于每一级都要被抛掉，因此飞船剩下的能力也逐渐减小。当飞船缩小到圆锥形的乘员返回舱时，它唯一的能力就是在再入大气层期间保护宇航员。

从另一方面而言，空天飞行器也是一种先进的飞船，其功能多样，性能强大。它没有需要扔弃的部分，也没有不必要的重复。由于配备了巨大的推进剂油箱，发动机运行的时间更长，因此能够运送的载荷也更大，当然前提是它们在太空中可以进行燃料补给。而事实也是这样，因为它们已成为太空燃料基础设施的一部分。空天飞行器可为包括自己在内的所有先进的飞船进行太空燃料补给。它不需要在降落伞伞衣的辅助下溅落或等待海军军舰进行回收。它可以降落在航天港并像飞机一样加油。

“阿波罗号”成功地使用了火箭和航天舱，而这一概念同样也适用于“猎户座”，甚至后者可以取得更好的效果。“猎户座”系统中已设计了少量的可重复使用装置。然而，如果无法在太空中进行推进剂补给，航天舱的月球任务是无法维持的。可重复使用的宇宙飞船是关键，但是复用必须要求进行燃料补给，而燃料补给还要求进行推进剂输送。因此，若设立长期的月球基地，太空油船是可行、切合实际而且安全的。

七、月球度假胜地

月球空天飞行器的第三种用途是运送太空游客到月球去进行梦寐以求的度假。现在我们已经阐述了月球基础设施的运作规划，那么考虑创办以月球为基地的旅游产业就成了一个合理的设想。月球太空公司往返于月球与地球之间，将推进剂以水的形式来回进行输送，借此发展自己的太空基础设施。通过这种途径，月球太空公司可立即实现双重获益。若它们将推进剂运到月球，那么可将这种液态商品出售给政府宇航员、科学家、月球旅舍或者其他需要水的人；若它们将水从月球运出，则可通过地球轨道加油站维持自己的太空行动。无论采取上述哪种方法，月球太空公司都能获得可观的利润，因为每位月球游客都会欣然承担各自的费用。

那么月球度假村是什么样的呢？很有可能所有的月球综合设施都将建在地下，目的在于保护居住者免受恶劣的太空环境的影响。宇宙射线、太阳耀斑以及日冕物质抛射都是太空特有的辐射危害；此外，还有极限温度和经常出现的流星体危险。因此月球建筑必须建有厚厚的墙壁，且防护性能优越，或者建在月表风化层的下面。除了这些，月球度假村还能为游客提供什么服务呢？

这个问题的答案只能依赖投资者的想象力和经济实力了。一个有趣的可能性是室内滑翔场。人在双臂装上人造翼并克服月球引力进行飞行应该是一个可行的设想。但这需要建成一个相当大的加压圆顶屋，而在早期阶段这种场馆是不可能建成的。不过最终这将会变得非常流行。

八、前往火星

未来空天飞行器的行动范围可以拓展到月球以外的区域吗？我们已经知道了空天飞行器既可作为旅行飞船，也可成为油船，因而可以在地球和月球之间对太空航班进行燃料补给。那么我们能否以相似的想法在距离更远的星际航线上进行基础设施规划呢？与距离相对较短的地球-月球航线相似，我们也需要能够定期燃料补给的先进的飞船，而且补给地点显然将设在出发地和抵达地。此处将不再针对地球-火星航线进行过多阐述，但是相似的想法可以应用于太阳系中的所有地方。

为了完全理解星际基础设施的发展变化，首先要理解先进宇宙飞船的抵达方式，这是非常重要的。地球和火星上都存在空气，借此先进的宇宙飞船在抵达时可进行减速。火星的空气相当稀薄，仅为地球的 1%——因此比起包围着厚厚空气的地球，火星的航空制动效果要差一些。然而事实并没有设想的这么严重，因为宇宙飞船从地球抵达火星时由于要克服太阳引力向上爬升，因此飞行速度将相对减小。飞船抵达火星时的速度要小于飞船从火星向东驶抵地球的速度。其次，火星的引力场要比地球弱得多，因此对抵达的航天飞船而言火星引力所产生的加速度要小于在地球引力所产生的加速度。最后，空天飞行器抵达火星时会在更高的高度进入空气，这是因为就空气向太空的延伸范围而言，火星要大于地球。所有这些因素都会抵消火星空气稀薄对飞船减速造成的影响。到目前为止，以上讨论的结局是火星和地球的大气层都有助于宇宙飞船抵达时降低速度。也就是说，此类空天飞行器必须依据空气动力学的原理进行设计（图 10.12）。

与月球空天飞行器相似，一艘先进的星际宇宙飞船应可以重复使用，因此它能够降落在任何地点并进行加油。降落于地球时，空天飞行器的机翼要在抵达航天港时产生提升力。而在火星着陆时，空天飞行器除了要利用机腹推进器进行垂

图 10.12 设计合理的先进的空天飞行器能够在地球、火星、金星及诸如土星土卫六一类被大气层包围的卫星的大气中进行空气制动
（图片由反应发动机公司提供）

直起降之外，还应依据空气动力原理进行减速。这两种选择方案决定了宇宙飞船要变成可部分重复使用或一次性使用的航天舱，这更像“阿波罗号”或“猎户座”。然而，这种讨论仅涉及先进的宇宙飞船，完全排除了航天舱。

火星资源丰富，广泛存在于大气和地下。在火星上可利用这些资源制造火箭推进剂。当宇宙飞船抵达火星或在火星轨道时，首先要做的是补给推进剂油箱。火星引力是月球引力的 2 倍，但只是地球引力的三分之一。

驶离火星时，空天飞行器可使用大气产生提升力和工作物质，这与在地球时是一样的，尽管火星的空气中并不包含氧气。因此，飞行和燃料管理系统所需的三种成分中有两种仍是可以使用的。为了在火星的稀薄的大气中生成所需的提升力，空天飞行器必须提高速度，但又由于火星引力场较弱，所以从火星起飞所需的提升力仅是从地球起飞所需提升力的一小部分。通过进行送气加力或使用旋转涡轮式发动机，火星大气还可作为工作物质使用，就像涡轮风扇式发动机使用地球上的外路空气生成大量推进力一样。上述思考表明，空天飞行器在驶离类似火星的大气稀薄的行星时是有利的。

抵达近地轨道后，星际空天飞行器的大气再入速度约为 40 000 km/h，这与月球空天飞行器是一样的。这时，所有适用于月球空天飞行器的想法也同样适用于星际空天飞行器。空气动力设计有助于降低飞机的速度；机翼或升空体有助于飞机安全飞到航天港；完全重复使用性使飞机能够降落在停机坪并进行加油。从火星返回的空天飞行器还可以通过地球上层大气进行空气制动，再次进入与月球轨道相交的椭圆轨道，并降落在月球“殖民地”。这样，空天飞行器再次显示出令人惊叹的多面性和实用潜力。

第十一章　成功的策略

未来 20 年，人类进入太空的方式将会发生巨大改变。随着越来越多小型太空公司推出亚轨道太空旅行项目，太空旅行市场正式进入蓬勃发展时期。绝大多数公司会选择简单的空天飞行器使用可依靠自身动力的系统进行起飞和降落，而无需借助弹道导弹或大型载机。当然也会有例外，不同的公司会采取不同的策略，测试不同的技术。同样，在工程和商业策略上也会有成功与失败。本章将分享一些从长远来看成功的公司的重要经验，如制定合理规划、发展新兴市场、持续努力及吸取教训。此外，由于太空旅行的独特技术和经济挑战，创新和合作也将起到关键作用。

一、制定规划

明确与合理的规划是保证公司取得成功的最重要的因素之一。尤其是在太空行业中，人们只有对未来有明确的规划，再加上不懈的努力才能达到既定目标。目标可能是使亚轨道空天飞行器最终发展成为轨道空天飞行器，或是在弹道助推器上安装小型空天飞行器。如果规划不明确，那么目标也很难设定；如果规划不切实际，无论技术、财政或其他原因，都可能导致目标无法实现。因此，规划必须既明确又合理，这样才能确保成功（图 11.1 和图 11.2）。

以初期供电行业为例，当首批电线接通后，大家便开始就电能应以直流电还是交流电的形式输送给客户展开争论。输送方式涉及的金额庞大，且根本无法预

图 11.1　这张 Skylon 空天飞行器巡航穿越大气层的效果图是对未来空天飞行器版本进行清晰描述的很好的案例
（图片由英国反应发动机公司提供）

图 11.2　在登上“挑战者号”执行任务之前，太空教师克里斯塔·麦考利夫在美国国家航空航天局 KC-135 型失重训练机中体验失重飞行，明确的规划有助于发展即将兴起的太空旅游市场
（图片由美国国家航空航天局提供）

知。现在我们知道了交流电的配电系统可远距离输送高压弱流电能，而这是直流电无法实现的。这说明那些坚持直流电输送形式的人们错了，因为他们对未来进行了错误的规划。

同样，在未来的太空进入方式上也存在竞争性规划，当下就存在很多。本书仅讲述其中一种方式，同时阐述了这种方式具有说服力的原因。提出切合实际的问题，尽力得出正确的答案，这才是做出正确抉择的必经程序，对此书中也会一一说明。

二、发展市场

太空旅游业将成为未来太空技术和太空进入事业向前发展的主要推动力。显然，它将成为小型空天飞行器运营商的主要市场。当然，太空行业还有其他市场，如政府航天器入轨推进任务、行星科学探测任务、政府宇航员往返太空任务等，探空火箭也存在一定市场。但是到目前为止，最大的潜在市场仍然是太空旅游业。而且，这一新兴市场并不是偶尔需要的助推器，或是每年进行的探测活动，相反它将是每天都会发生的事情。在有接近 70 亿人口地球上，有相当多的富人可以持续支持这一市场。他们每次太空旅行的支出，可为该产业的未来发展提供资金。

为什么新兴公司更愿意选择开发太空旅游市场，而不是通信卫星或太空站补给呢？答案很简单，因为太空旅游市场大门大开。只要有顾客愿意排队体验太空搭乘的乐趣，这一市场就会一直保持强劲的发展势头。这一队列已经开始形成了，而且仍将持续发展下去。其次，短期的太空体验式飞行具备发展成为规模庞大的客运行业的潜力。如今运营亚轨道航天器的小型太空旅游公司将来很有可能成为空间通道，在地球和月球之间运送乘客（图 11.3）。这些公司通过合理定位，将牢牢抓住未来太空旅游市场。

三、持续努力

为了最终实现定期运送乘客前往星际轨道或月球的目标，现在的小型空天飞行器发展公司必须着手制定一项缓慢且缓步推进的计划，不断改进设计方案和相关技术。现在，有些公司已宣传可以飞到 130 km 的高度，还有些公司宣称可到达亚轨道远地点，相当于上述高度的近 3 倍，由此导致的失重时间更长。随着亚

图 11.3 这些太空飞行员肯定会觉得驾驶舱要比任何一种空天飞行器的客舱舒适得多，从左至右依次是 X-15 的飞行员乔·恩格尔（美国空军）、罗伯特·A·鲁什沃斯（美国空军）、约翰·B·麦凯（美国国家航空航天局）、威廉·J·奈特（美国空军）、米尔顿·O·汤普森（美国国家航空航天局）以及比尔·达纳（美国国家航空航天局）
（图片由美国国家航空航天局提供）

轨道飞行不断延长失重时间并上升至远地点，终有一天能够达到轨道速度。但是这需要坚持不懈的努力，可能需要花费数十年时间，还可能需要发明出诸如涡轮火箭发动机（详见第八章）一类的新式轻型联合循环发动机。

众所周知，耐力与毅力是乌龟在龟兔赛跑中取胜的“双重法宝”，这也是团队赢得私人太空竞赛的法宝。与龟兔赛跑不同的是，太空竞赛将会产生很多获胜者，同样也会有很多失败者。发动机和机身改进的持续增量计划最终会成就首架单级入轨空天飞行器。除了“双重法宝”外，我们还要对观念、公司、团队以及运载器保持坚定的信念。

四、吸取教训

对过去的失败教训进行彻底的研究有助于公司取得成功。对每一个教训，无论是有关技术、财务还是人性方面的，都必须进行研究、总结并加以改进。无法吸取过去的教训本身就意味着失败，而那些无法领会这一精髓的人注定也是要失败的。其中，最重要的教训之一是研究过去的太空举措，看看是否奏效，为什么会奏效，如何奏效或为什么没有奏效。如果有的方案被反复取消，那么精明的公司也应该去找一找原因。总结出的教训有助于确立未来合理的规划。前景规划和目标定位都错误的公司注定会走向失败，就像直流电配电网一样。

五、提出合理的问题

提出哪些问题也需要进行规划。提出合理的问题是一件好事，但是能够正确给出回答就更好了。以下是一份简短的清单，列出了一些基本问题，同时附上了我的答案。这些问题建立在认可空天飞行器取代弹道太空舱或无翼运载飞行器的基础之上。

（1）应该将空天飞行器置于火箭上吗？

答案：不应该，这样会造成静负载过重，而且推进器也会因为太过昂贵而不适合运营，当然除非你足够富有。

（2）应该将空天飞行器搭载在飞机上吗？

答案：不应该。这样成本太大且操作过于复杂。在空天飞行器着陆之前你就会破产（图 11.4）。

图 11.4　搭载式航天飞机

（图片由美国国家航空航天局提供）

（3）应该使用载机吗？

答案：不应该。长期来看这项计划太过复杂且成本过高，因为你必须同时运行 2 架飞行器（图 11.5）。

图 11.5　载机上仅运载了小型空天飞行器，工作人员正小心翼翼地将 X-1-3 空天飞行器安装在改造的 EB-50A 型机上，这是一次典型的政府行动

（图片由美国国家航空航天局提供）

（4）应该让空天飞行器依靠自身动力飞行吗？

答案：是的。通过这种途径空天飞行器最终将发展为单级入轨空天飞行器。就像从来没有学过轮滑的小孩一样，这种小型空天飞行器最终将发展成为具备先进能力的空天飞行器（图 11.6）。

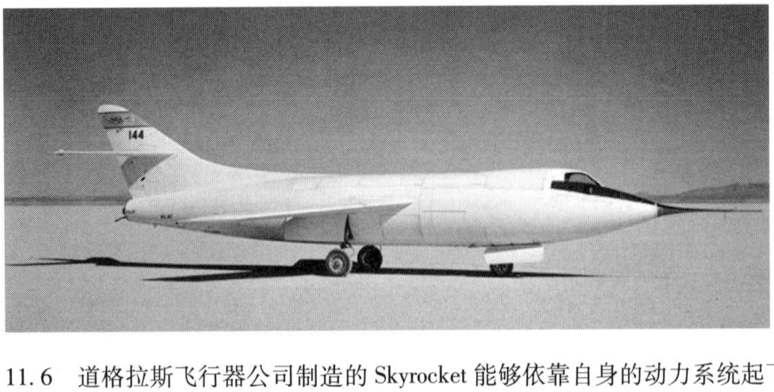

图 11.6　道格拉斯飞行器公司制造的 Skyrocket 能够依靠自身的动力系统起飞，这代表着发展成熟空天飞行器的一种合理趋势

（图片由美国国家航空航天局提供）

（5）应该使用哪种推进剂呢？

答案：液氧和液氢——都可由水电解获得。这样，你可以将水运送到太空中，有朝一日还可以在太空中进行燃料补给。这一答案要求明确发展前景。

（6）那诸如煤油或甲烷等简便的燃料为什么不适用呢？

答案：你无法在近地轨道补给这些燃料，所以这些燃料没有发展前景，并且它们还会造成污染。

（7）应该选择垂直起飞还是水平起飞？

答案：水平起飞。主要原因在于水平起飞不仅可确保乘客的安全性和舒适性，还可以实现常规化飞行。

（8）应该发展远程控制的无人驾驶空天飞行器吗？

答案：还记得 DC-X 和 X-33 吗？此外，谁愿意乘坐无人驾驶空天飞行器呢？

（9）应该使用哪种发动机？

答案：你可以使用最先进的吸气式涡轮火箭发动机，假设可靠性很高。

（10）手头没有涡轮火箭，可以在火箭发动机上加装喷气发动机来代替吗？

答案：可以。辅助喷气发动机将提升安全性，确保飞机能够在高空进行点火。若没有安装喷气式发动机，发生一次故障你的飞机就会报废。而且喷气式发动机还可提升乘坐率。

（11）空天飞行器设计中最重要的因素是什么呢？

答案：安全性，这也是从一开始就选择带翼飞机的原因。

六、具有创造性

创新能力与成败息息相关。太空商业和太空技术相结合可以创造出一个崭新的领域。这当然不同于传统意义的商业，因此需要创新的思维方式，包括基于网络的关系、大胆的策略以及新型技术。此外，还需要有大胆、颇具创新精神的领导层和敢于面对嘲笑的坚定精神。需要不断地坚定信念：摒弃发射台，从跑道上起飞进入太空是可行的。逐渐地，飞行界将开始接受这种新创意。

创新方案优于大多数传统方案，尽管传统的东西在即将到来的空天飞行器时代仍将起到重要作用，诸如坚持水平起飞和着陆方式的传统。而我们应当欣然抛弃火箭和航天舱的概念，发展完全可重复使用的、可靠的空天飞行器。

七、合作

互联网开启了一个合作的新世界。在近地空间领域，远程网络伙伴关系具有现实价值意义。借助全球网络进行联络不再是难事，而且这种联络的代价也不再高昂。单单这一因素就意味着合作，尤其是国际性合作的可行性非常高。信息片断可以在各大洲之间即时传输，这使得太空企业家能够以光速分享知识和观点。那些固执地坚守自己的观点的人只会影响自身发展。关于合作，从莱特兄弟和戈达德身上也可以吸取经验教训（图 11.7）。

图 11.7　人们在从事风险性高的事业时开展良好的合作是非常重要的，合作也能帮你发现投资人；上图为沃特·迪斯尼（左）和沃纳·冯·布劳恩
（图片由美国国家航空航天局提供）

在 21 世纪早期，航空航天技术发展的高昂成本就决定了合作的必要性，除非哪家公司具有某种财政独立性或是政府合同。可行性强的备选方案能够降低风险。根本因素还是资金，没有资金一切都无法开展，也没有人可能飞行。甚至连

罗伯特·戈达德都是依赖史密森学会的支持才去研究火箭的。

八、运送包裹

如今，空天飞行器处在发展初期。正如我们所见，现在的空天飞行器要么借助飞机进行搭载，要么装载在大型载机的机翼上。但是它们都极具发展潜力，很快就能够替代探空火箭，通过直接引入完全可重复使用理念降低这一市场的成本。很快它们将会载着太空乘客在 100 km 的太空高度体验太空飞行。亚轨道太空商业飞机搭载乘客的首次飞行将成为一个新契机。随着投资者逐渐开始认识到太空旅游的市场潜力，空天飞行器将迎来大规模发展的新局面。随着空天飞行器的逐步发展与改进，轨道太空飞行终将能够实现，而不再需要辅助推进器、脱离火箭级或运输机。空天飞行器可以作为太空加油机，将纯净水运送至轨道推进剂补给站或月球，也许有朝一日还需要从月球直接还回什么。同时，它们将面向越来越多的太空游客继续提供定期服务。空天飞行器可运送包裹，并且与早期的弹道火箭相比，成本更加低廉，运作更加高效且飞行更加安全。

未来，无论包裹是何种形式（散装货物、液态推进剂，甚至是乘客），都需要先进的空天飞行器来装运。火箭和太空舱绝不会成为先进的宇宙飞船，不管它们发展得多么尖端。相比之下，空天飞行器拥有相当大的潜力，有望发展成为最佳的宇宙飞船（图 11.8）。

图 11.8　空天飞行器原型机
（图片由 http：//www. buran-energia. com 提供）

12

第十二章　航天港的空天飞行器

当前，我们正处于一个过渡期，这是人类历史上最伟大的转折点之一。正如齐奥尔科夫斯基在许多年前预言的那样，人类正在通过化学燃料火箭，一步一步艰难地走出地球。尽管官方的大型助推器已取得辉煌的成绩，但现在某些国家的私人空天飞行器研发工作正在拉开未来人类太空文明的帷幕。他们和他们的后继者最终能将数以百万计的人们带入茫茫太空，或者有朝一日，进入星际空间。

一、当今的空天飞行器

本节将主要介绍21世纪前十年的空天飞行器项目。疏漏之处，将不断更新。

1. 本森公司的“追梦者”

美国本森航天公司位于美国加利福尼亚州波韦。该公司的“追梦者”飞船拥有一对短小的机翼，使用一个流线型单体火箭，通过混合燃料发动机以垂直方式发射升空，返回时能够降落于机场跑道。“追梦者”的空气动力学设计优良，与其竞争者相比，其承受的地球引力更小，所需推力也更小。每名乘客单次承担的费用为20万~30万美元。它的设计方案是采用垂直方式发射，形式上相当于美国国家航空航天局火箭发射的缩小版；最后着陆则类似于微型空天飞行器。这一小型的火箭飞船与“宇宙飞船一号”相似，使用混合燃料发动机，无需母船。其推进剂为液态一氧化二氮（N_2O）、氧化剂，以及固态端羟基聚丁二烯（HTPB）、合成橡胶燃烧剂。“追梦者”于2009年进行首次商业飞行，目前可接受预定。

2. 布里斯托尔空天飞行器公司的"攀登者"

该空天飞行器具有水平起降能力（图 12.1）。设计者是英国布里斯托尔公司航空航天工程师大卫·阿什福德，他也是《航天革命》一书的作者。该书由英国帝国学院出版社于 2002 年出版，是首批阐述有关空天飞行器的书籍之一。"攀登者"的最初设计为一个单级亚轨道空天飞行器，可依靠自带的喷气发动机从常规跑道上起飞，然后利用一个陡升的轨道急速上升进入太空。该型空天飞行器通过滑翔方式返回地球，能够降落在出发地点。后期设计需要解决空天飞行器与大型水平起降（HTHL）助推飞行器的对接问题。助推飞行器可帮助空天飞行器在高平流层中加速到超声速。然后，有翼空天飞行器将继续向太空深处飞行，而有翼助推器则返回跑道以实现重复使用。具体设计在第七章中有更为详细的阐述。

图 12.1 地球大气层外的布里斯托尔空天飞行器公司的"攀登者"，
在背景中，还能看到另一艘"攀登者"
（图片由布里斯托尔空天飞行器公司提供）

3. 欧洲宇航防务集团阿斯特里厄姆公司的空天飞行器

2006 年 6 月，欧洲宇航防务集团阿斯特里厄姆公司空间运输部宣布将在"火箭飞机 XP"的基础上研发一个切实可行的商用空天飞行器。项目启动之前，这个规模仅次于波音公司的大型航空航天公司对该型机及其他垂直发射的设计进行了研究，其空天飞行器的设计理念取得重大进展。

阿斯特里厄姆公司的商用空天飞行器与喷气式飞机体积相当，可搭载 1 名飞行员及 4 名乘客。空天飞行器进入 100 km 以上的近地太空需耗时 90 min。与“火箭飞机 XP”相似，欧洲宇航防务集团的空天飞行器使用常规喷气式发动机在跑道上进行起降。飞行器爬升到约 12 km 后，以甲烷为燃料的火箭发动机点火启动并运行 80 s。空天飞行器以自动驾驶模式继续上升到 60 km 高度，随后进行 3 min 的无重力轨道飞行，达到最高点或者到达 100 km 以上高度。小型火箭推进器在真空、失重阶段保持运行状态。在返回大气层之前，飞行器内的乘客有望能够漂浮着离开座位，活动数分钟后再回到座位上。

再次进入大气层时，具有平衡及自动调节功能的座椅能为乘客降低 4.5 g 的重力加速度，这是该型空天飞行器最突出的亮点。每名乘客的费用为 17.5 万~22 万美元，飞行前乘客需要进行为期 1 周的培训。相比之下，联盟号宇宙飞船的乘客所支付的费用将高出至少 100 倍，同时乘客还需忍受长达 6 个月的艰苦训练。如果私人投资额可达到 13 亿美元，那么欧洲宇航防务集团的空天飞行器有望于 2008 年开始为期 4 年的研发，并于 2012 年进行首次商业太空飞行。私人顾问预计，到 2020 年将形成每年 1.5 万名太空游客的市场。

4. Ramstar 轨道空天飞行器

宇航研究系统有限公司（ARSI）位于俄亥俄州威瑟姆斯维尔市，该公司正在帕梅拉·门杰斯博士的带领下，研发水平起降空天飞行器。这一设计极具特色，并且已经完成大约 80% 的试飞测试。Ramstar 空天飞行器（图 12.2 和图

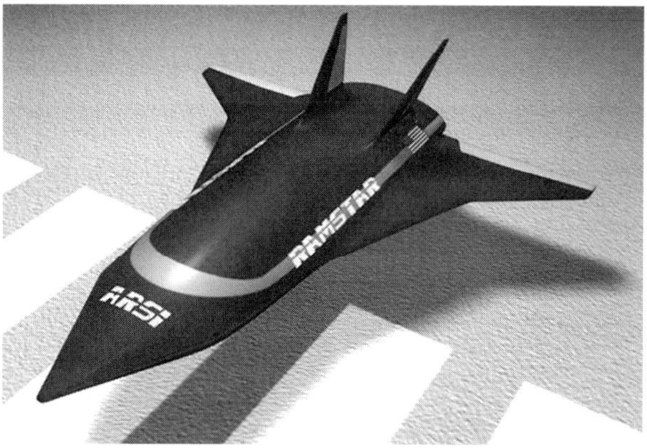

图 12.2 Ramstar 高超声速无人驾驶飞行器从常规跑道上起飞的效果图
（图片由宇航研究系统有限公司提供）

12.3）将使用一种名为“人工神经膜”（ANM）的技术。该技术是基于新材料生产技术的一种新型功能性结构，该结构本身就具备信息处理、通信、分发及控制系统。ANM 技术是 Ramstar 空天飞行器设计与运行的核心，包括基于人工神经膜的智能蒙皮、喷气式发动机自适应调节进气口、光电计算机系统（基于光的）以及先进的生命维持和载荷系统。宇航研究系统有限公司的智能蒙皮仅为三张纸的厚度，还能有效减阻电磁场。未来，微波钉也许能够用于降低飞行器前缘的高温。

图 12.3 Ramstar 轨道空天飞行器可能将硼土应用于冲压喷气发动机中，或者使用组合循环涡轮喷气发动机/冲压喷气发动机，或者使用高超声速激波发动机（图片由宇航研究系统有限公司提供）

多用途两级入轨 Ramstar 空天飞行器将使用机身喷气式发动机从跑道上起飞，到达一定高度后，自动启动外挂助推器，加速向太空飞进。飞行器既可无人驾驶也可由机组人员操控。其设计高度灵活，包括模块化的驾驶舱、模块化的载重舱以及使用滑轨连接的小型实验室。当无人驾驶模式执行任务时，空天飞行器可以携带 18 m 长，整体质量达到 18.8 t 的载重舱；当携带机组人员及模块化的驾驶舱时，则可携带 12 m 长，1.2 t 重的载重舱。除主动减阻系统外，该空天飞行器还配置有一套双层钛制船壳，表面涂有被动耐高温涂层。目前，飞行试验台即将完成，飞行试验台是全尺寸样机的一个缩小版。最初，可重复使用的助推火箭使用一种常规的固态推进剂，或者使用一种处于完善过程中的固液混合系统。为增强稳定性，提高便利性并增加安全性，这些推进器经过特殊设计，如有需要，可在飞行过程中完全关闭。公司计划研制两个型号的 Ramstar 空天飞行器，较小型号来回一次仅需大约4 周时间，较大型号来回一次需 6~8 周。两种型号的空天飞行器都可采用无人或有人驾驶飞行。最终，两个型号将各生产 12 艘，计划于 2009 年开始生产。

5. 火箭飞机 XP

全球火箭飞机公司位于美国俄克拉荷马州的 Burns Flat。目前，该公司正基于“火箭飞机 XP”，积极参与亚轨道宇宙飞行。公司已经在该型机的设计上投入 10 年时间。2010 年，XP 空天飞行器计划搭载 1 名宇航员及 5 名乘客进行亚轨道旅行。XP 空天飞行器拥有普通飞机的外表，配有两台 J-85 加力燃烧涡轮喷气发动机及一台火箭发动机。其收费标准为：飞机副驾驶座位的乘客需支付 25 万美元，4 名普通座位的乘客每人需支付 20 万美元。

XP 空天飞行器无需依赖母船，而是像普通飞机一样，依靠自带的喷气发动机从跑道上起飞。在火箭发动机启动前，加力燃烧涡轮喷气发动机将 XP 空天飞行器送入 12 km 以上高度，由此延长了零重力的时间，并增强了亚轨道宇宙飞行的体验。飞行器包括 13 m 长的机身以及后部的 T 型机尾，起飞时质量仅 9. 1 t。单发 RS-88 火箭发动机可产生 160. 2 kN 的推力，可实现极佳的推重比，近乎垂直地爬升到亚轨道。在轨道上，XP 空天飞行器可达到 100 km 以上的高度，这是官方的空间分界线。火箭飞机 XP 的火箭发动机使用液氧和煤油，而涡轮喷气发动机则使用煤油。火箭发动机关闭时，飞行器的最大速度将超过 3 840 km/h。返回地球时，涡轮喷气发动机将在大约 9 km 的高度再次启动，将 XP 空天飞行器带回原先起飞时的航天港。该计划的最终目标是有朝一日能够实现高级轨道空天飞行器的研发。

6. “云霄塔”

“云霄塔”无疑是所有空天飞行器中设计造型最为优美的空天飞行器之一，也是体形最大的之一。它由总部位于英格兰牛津郡的反应发动机有限公司研发。

“云霄塔”空天飞行器的大部分空间为推进剂存储空间，这是可重复使用空天飞行器实现单级入轨所必需的。“云霄塔”空天飞行器可实现无人航天飞行，这就增加了存储推进剂的空间。其组合循环涡轮火箭发动机可使“云霄塔”空天飞行器在无需消耗火箭级的情况下，携带 12 t 货品直接进入近地轨道。为了进入轨道，“云霄塔”空天飞行器将借助机翼以及先进的发动机，对空气进行最大限度的利用（图 12.4）。

图 12.4 近地轨道上的“云霄塔”空天飞行器，它无需外置的推进剂箱、分离式助推器、多级火箭或者母船，是典型的高级空天飞行器
（图片由反应发动机有限公司提供）

“云霄塔”空天飞行器修长的机身中装载了一个巨大的液氢及液氧的推进剂箱，还有一个相当大的有效载重舱用以装载标准的发射单元。两台双模式的“佩刀”涡轮火箭发动机对称地安装在翼尖上，由三角形的机翼支撑。主体前部的鸭翼用于在大气中进行俯仰控制。一个可操纵式稳定器及常规副翼用于转向及翻转控制。在太空中，一个反作用控制系统通常从主推进剂箱获取燃料。“云霄塔”空天飞行器无需辅助飞机或助推器就可以在经过强化的跑道上起飞。它是一架完全自主的飞行器，可以像其他飞机一样起飞与降落。“佩刀”发动机也由反应发动机有限公司设计制造，既可以在自然吸气模式下运行，也可以在火箭模式下运行。从起飞到大约马赫数 5 的速度，“云霄塔”空天飞行器是在大气中飞行，依靠两个轴对称进气口，使空气充当了氧化剂和助推剂。在进入燃烧室之前，一个

封闭的氦回路对空气进行冷却，氦回路自身的冷却则依靠氢燃料低温冷却液。因此，氦回路永远不会失效。在火箭模式下，发动机将使用携带的液氧及液氢作为燃料（图 12.5）。

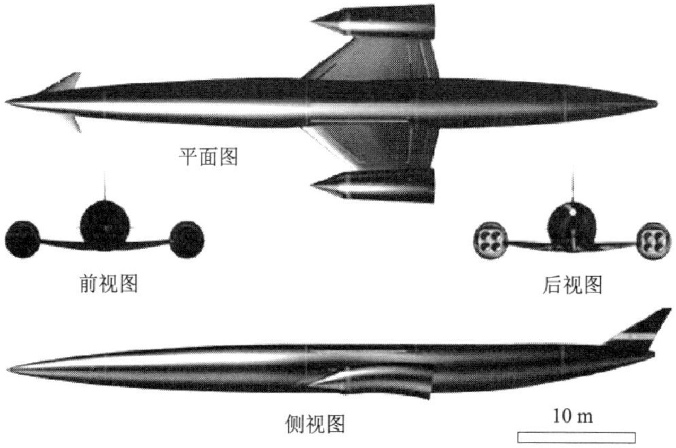

图 12.5　“云霄塔”高级概念空天飞行器常规三视图
（图片由反应发动机有限公司提供）

其他有关“云霄塔”空天飞行器及“佩刀”发动机的资料请参见 http://www.reactionengines.co.uk.“云霄塔”空天飞行器的参数见表 12.1。

表 12.1　“云霄塔”空天飞行器的参数

长度	82 m	270 ft
直径	6.25 m	$20\frac{1}{2}$ ft
翼展	25 m	82 ft
空重	41 000 kg	90 000 lb
液态氢（燃料）	66 000 kg	145 000 lb
液态氧（氧化剂）	150 000 kg	330 000 lb
最大载荷	12 000 kg	26 000 lb
最大起飞质量	275 000 kg	600 000 lb
着陆质量	55 000 kg	120 000 lb

7. Spacefleet 公司的 SF-01

英国私人公司制造的 SF-01（图 12.6）是目前在很多方面最具有吸引力的

空天飞行器概念。它是目前设计的亚轨道飞行器中最大的，可搭载的乘客数量最多，研发费用最低，收费低，运营成本低，而且不会对环境造成污染。目前该设计仍处于早期成熟阶段，还将随着时间的推移不断地向前发展，而以下介绍是截至 2007 年 10 月这一设计的基本情况。

图 12.6　SF-01 在 100 km 的高度飞行，大型升力体机身设计充分考虑了巨大的推进剂油箱和宽敞的客舱要求

（图片由 Spacefleet 有限公司提供）

Spacefleet 项目的基地设在英格兰南部，其计划建造 3 艘以液氢和液氧为推进剂的环保空天飞行器。这些推进剂不仅是火箭的最佳燃料，而且可以借助太阳能光伏电池阵列和/或风能以电解水的方式生产。这样一来，生产推进剂与推进剂在发动机中燃烧一样，是相当环保的过程，因为燃烧生成的唯一产物是水蒸气。Spacefleet 项目宣称其空天飞行器是目前处于研发阶段唯一的一种可实现“零排放”的航天器。而且，这些清洁的高能推进剂是免费的，一旦生产设备运行便可以源源不断地生产出来。

SF-01 配备 4 台由液氧和液氢推进的 4 缸发动机，混合比为 7∶1，每台发动机可产生的推力高达 150 kN，比冲为 350 s，燃烧时间为 125 s。钛金属机身尺寸为 14 m×14 m×3 m，当起落架降低时机身高度可增加至 6 m。最终设计可能会包括涡轮喷气发动机，但是目前仍处在审查之中。SF-01 可存储 56 m^3 的高能推进剂，从航天港倾斜滑道起飞后能够将至少 8 名乘客和 2 名飞行员送至 340 km 外的远地点。乘客将在 2 min 的火箭燃烧期间里体验高达 2.4 g 的重力加速度；还将在飞行器冲向国际空间站相同高度时体验长达 6.5 min 的完全失重的感觉。它可达到的最高高度是其他太空旅行飞行器的 3 倍，可大大增加乘客的兴奋感和满意度。与其他空天飞行器相似，在完成每次太空飞行后，它将滑翔返降在航天港的跑道上。SF-01 还能进行洲际“点对点”飞行，经过适当改造后，还可在庞大的载荷舱中配置小型卫星或运载科学装备（图 12.7）。

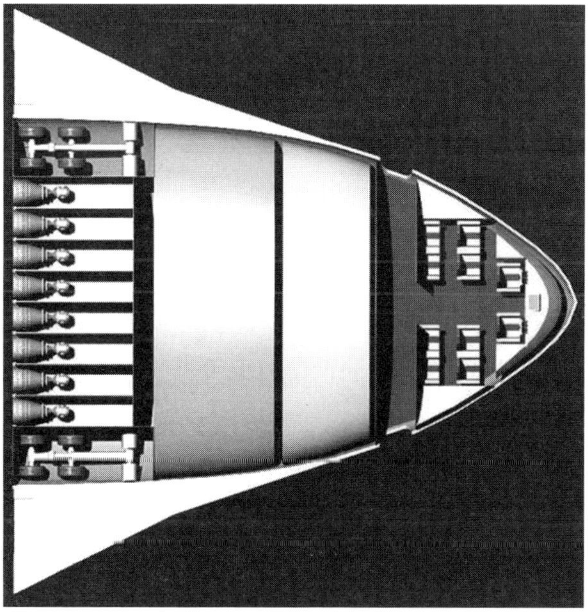

图 12.7　SF-01 总体平面图，显示了驾驶舱、客舱、推进剂油箱、起落架以及排式发动机

（图片由 Spacefleet 有限公司提供）

该项目预计将花费 3 年时间，总耗资约为 2.6 亿欧元，最后将交付 3 艘太空飞船。此外，电解设备还需耗资 1.5 亿欧元，但是此后的运营成本低廉。该公司目前正在积极筹措资金。

Spacefleet 公司合理定位以获得未来轨道燃料补给的相关经验。轨道燃料补给是未来太空飞行的关键环节之一。该项目的首席科学家兼公司总裁雷蒙德·D·莱特是一位电子化学家，在英国电气工业拥有 25 年的工作经历，是

Spacefleet 公司的创办者。因此，他完全有能力领导这个项目。空天飞行器的乘客票价约 12 万美元，仅略高于竞争对手票价的一半。

8. “宇宙飞船一号”

首架由私人投资、设计并建造的宇宙飞船是“宇宙飞船一号”空天飞行器。该机于 2003 年 12 月进行了首次动力飞行，这距离莱特兄弟在“小鹰号”上进行首次质量大于空气的动力飞行恰巧一百年。2004 年 6 月至 10 月间，“宇宙飞船一号”进行了三次亚轨道太空飞行，每次高度均超过了 100 km。后两次飞行相隔不到两周的时间，飞行器的制造商标准复合材料公司由此获得 X 大奖。

“宇宙飞船一号”在被送往位于华盛顿的美国国家航空航天博物馆之前仅进行过三次太空飞行，就与其他著名的具有开拓性意义的飞船一样在人类航空航天史上占据了一席之地。如今“宇宙飞船一号”与第一架突破声障的飞机贝尔 X-1 以及第一架穿越大西洋的飞机“圣路易斯之神”一同展览。

“宇宙飞船一号”证明了私人公司能够设计、策划、建造空天飞行器，并在亚轨道飞行，而且在两周内成功进行两次航天飞行。与它的前辈 X-15 相似，母机将“宇宙飞船一号”携带在机翼下，到达一个很高的高度后再释放。与 X-15 不同的是，这种新一代的空天飞行器装备了使用固态燃料及液态氧化剂的固液混合火箭。这个配置使该空天飞行器能够像其他使用液态推进剂的飞机设计一样，对发动机进行控制。

9. “宇宙飞船二号”

“宇宙飞船二号”是私人投资建造的“宇宙飞船一号”的后续机型，计划可将 2 名宇航员和 6 名乘客送到大约 120 km 高的地方，最终超过 X-15 在 50 多年前创造的高度纪录。目前，“宇宙飞船二号”正在建造中，其大小是“宇宙飞船一号”的 3 倍，由“白色骑士 2 号”母机在 18 km 高空进发射。“白色骑士 2 号”的大小也是第一代“白色骑士”的 3 倍，已被正式命名为“夏娃”。每次飞行将耗时 2.5 h，每名乘客的费用大约是 20 万美元。当发动机停止运行时，乘客可以在舱里漂浮数分钟。但是，他们可能会被限制在座位附近。这样在飞行器再次进入大气层时，宇航员才能够把他们“拉回”座位。该计划从 2009 年或者

2010 年开始，“宇宙飞船二号”的测试将在南加利福尼亚州的莫哈韦宇航中心进行，而商业发射及降落则在新墨西哥州的美国宇航中心进行。

下一阶段，“宇宙飞船三号”将有望能够进行轨道操作。它既可以停靠国际空间站（ISS）也可以停靠私人空间站。“宇宙飞船三号”的发射架构目前仍未向外透露。

10. XCOR 公司的 Xerus 空天飞行器

位于美国加利福尼亚州莫哈韦宇航中心的 XCOR 宇航公司正在研发 Xerus 亚轨道空天飞行器，该飞行器由内置活塞泵的火箭发动机驱动，这种新式的活塞泵与常规涡轮泵相比稳定性更强。Xerus 空天飞行器将依靠自身动力从航天港的跑道上起飞，爬升到 65 km 高度后，关闭发动机。空天飞行器依靠惯性滑行到 100 km 高度时开始执行以下三个任务中的一个：① 微重力研究；② 微型卫星发射；③ 太空旅行。该空天飞行器的最大速度可达到马赫数 4。在快速活塞泵的帮助下，火箭发动机的再启动能力使着陆更加安全，也使飞行器复飞成为可能。Xerus 空天飞行器仅使用液态推进剂，以甲烷或者煤油作为燃料，以液氧作为氧化剂。作为火箭燃料，甲烷更有发展前景。因为，未来在诸如火星这样的地方将能够生产甲烷，或在土卫六号的某个地点进行甲烷直接加注。而且甲烷也易于液化，便于空天飞行器使用。XCOR 宇航公司计划从 2009 年或 2010 年开始，向游客收取 9.8 万美元的费用，提供至少 30 min 的太空短途飞行体验，包括 3 min 的失重体验。

二、太空旅馆

当空天飞行器具备轨道飞行的能力后，太空旅馆自然将成为其最终目的地。财力雄厚的太空企业家罗伯特·毕格罗既怀有愿望也具备实力去实现这一设想。他的太空旅馆设计基本上是活动式充气太空舱，借助常规火箭将太空舱以压缩包裹的方式运送到近地轨道。该公司承诺：太空舱充气后，可为未来的太空游客提供豪华的居住设施。就收费项目而言，该公司承诺将以优惠的价格向客户提供令其终生难忘的体验。例如：毕格罗公司的“太阳舞者”充气式太空舱每周收费预计为800万美元。“太阳舞者”太空舱充气后体积可达到180 m^3，有三扇窗户，可供3名机组人员和3名太空游客居住。原型“创始一号”和“创始二号”已成功发射至近地轨道，后者同时还搭载了一些微小生物，为未来人类居住铺平道路。

三、今日的飞机场，明天的航天港

现在地球上每一座大型机场未来都将成为航天港。这些航天港将是现在国际机场的升级版本，因为所有抵达和起飞的宇宙飞船都会像空天飞行器一样，利用大气产生推力起飞升空，与飞机的起飞一模一样。

在未来很长一段时间内，绝大多数航天港将建在地球上，原因很简单，地球是绝大多数人居住的地方。但是我们也会在其他星球兴建航天港，最先可以从月球开始。

月球航天港将不同于地球航天港，原因在于月球上没有空气。因此，那里显然不会建跑道。所有的航天器都将使用火箭起降，并采取垂直降落和起飞的方式。月球航天港有别于典型的地球航天港的一个特征是设计有升降电梯，它可将刚刚抵达的空天飞行器向下运送至加压的地下环境中，在那里乘客和机组人员不需要穿上笨重的宇航服就可以走出机舱。

四、未来的空天飞行器

本书的主要目的是介绍未来的宇宙飞船，也就是空天飞行器。正如我们所见，发展空天飞行器的主要原因在于空天飞行器固有的可重复使用性，不管是用于亚轨道，轨道还是月球飞行，可重复使用是未来太空飞行运载器的关键，而机翼是实现这一关键的重要手段。没有机翼，我们就得继续延用成本高昂的弹道助推器、钝锥形再入舱进行次数稀少的太空发射。若我们仍痴迷于火箭，那么我们依旧会深陷于困境中。

空天飞行器将我们从传统的太空进入思维中解放出来，最终给予我们这些热爱自由的地球居民进入茫茫太空并在被称作“宇宙”的“玻璃鱼缸”中自由翱翔的机会。等到可完全重复使用的空天飞行器开始定期来往于太空轨道之间，成本大幅降低的时候，这个梦想将会实现。正如人类历史发展所证实的那样，财富和金融手段一直推动着人类的探索和发展。因此，具有高成本效益的空天飞行器，运送着乘客、货物和推进剂，在未来太空基础设施中承担着同步、重要和多样化的角色，使未来人类能够以地球为中心向外层空间扩展。带翼宇宙飞船与迄今为止面世的其他类型航天器相比，具有极大的优越性。而且空天飞行器也惠及从经济、技术到个人在内的人类发展的诸多方面。无论你是拥有并运营着一群空天飞行器，还是仅仅希望以乘客的身份搭乘空天飞行器，你由此得到的收获都是显而易见的。然而，终有一日空天飞行器也会变得陈旧不堪并逐渐从人类的视线中消失，到时地球上还会出现更加神奇的太空飞船。

五、空天飞行器之后

有朝一日空天飞行器也将像美国先驱者使用的“康内斯托加式宽轮篷车”或者 19 世纪的蒸汽式机车一样被载入史册。未来的太空发展史可能将会有一整章用来介绍“古代的”空天飞行器——第一种可完全重复使用、实用性强的宇宙飞船。那么未来什么样的宇宙飞船可能会替代空天飞行器呢？

可以肯定的是，任何一种比空天飞行器更加先进的宇宙飞船都将具有空天飞行器获得成功的所有特征：重复使用性、可操作性、可购性、稳定性以及安全性。除了神秘性之外，还有什么可以胜过上述特征呢？空天飞行器之后的神秘飞船肯定是在其他机器的技术之上发展而来的。那么这些新特征是什么呢？在这里我们将基于现实的物理理论，结合创造性的想象对已掌握的信息进行推测，展望继空天飞行器之后下一代飞船的发展趋势。

在未来的未来，宇宙飞船将根本不需要配备机翼，也不需要推进剂。不过它们使用的能量要比之前的任何一种火箭或空天飞行器强大得多；它们将不仅能够进行常规的跨行星星际飞行，还能进行跨恒星星际飞行。它们的能量来源和推进方式将会是完全一样的，而且是基于人类 21 世纪最渊博的科学家所掌握的重力场物理知识之上的。这种航天器可使重力场产生局部变形，消除惯性作用从而产生极限加速度。物理学的发展（可能会出现爱因斯坦相对论的替代理论或更新理论）必然将有助于人类发明出这些看似神秘的装备。通过控制引力，我们可以控制太空，甚至时间，这样人类最终就能自由地翱翔于浩瀚宇宙之中了。不过那应该是另一本书的主题了！

附录 A　术语表

加速度计

测量火箭或太空飞行器加速度的装置，用于惯性制导系统中。在一体式加速度计中，加速度是随着时间推移而整合的，以便得出准确的速度和位置读数。

ACS

姿态控制系统（Attitude Control System），小型推进器中允许航天器在真空空间中控制其姿态的系统。

气动制动

这种技术依靠气动摩擦利用行星大气使航天器减速，而不必使用机载推进剂。

气尖

“内部喷嘴安装在外部”的火箭发动机，融入了典型的截去顶端的线形或环形“斜面”，该斜面暴露于大气中。废气被排出至斜面和大气之间的区域，实现持续的高度补偿（参见单独词条）和最佳膨胀状态，并提高在任何高度或压力下的能效。

高度补偿

从火箭喷嘴喷出的废气自动持续最佳膨胀，以应对大气压力状况的变化。传统的喷嘴只可以在一个周围压力下达到最佳膨胀状态，这导致在低空时过度膨胀（参见单独词条），而在高空时膨胀不足（参见单独词条）。

周围气压

当地当前大气压力。

对跖点

从发射场到世界各地弹道轨迹中途的点。

远地点

椭圆形轨道或亚轨道轨迹中高度最高的点。

APT

空中推进剂转运。

面积比

火箭喷嘴出口面积与其喷嘴喉部面积之比。

展弦比

翼展（b）除以平均翼弦（c），亦等于翼展的平方除以翼平面面积（S）。短粗机翼展弦比较低。

$$A=\frac{b}{c}=\frac{b^2}{S}$$

姿态

太空中飞行器相对于某个参考系的方位。

弹道系数

测定再入大气期间产生多少热量。

助推器

大推力火箭级，用于帮助将较重的有效载荷提升至轨道中，或将航天器进一步助推至太空中，通常在使用后脱离。许多现代发射器在飞行初始阶段使用固体火箭助推器。

BOR

Bespilotniy Orbitalniy Raketoplan，无人驾驶轨道火箭飞机的俄语缩写。

边界层

飞行载具表面与自由流之间薄薄的流体（气体或液体）层。离表面最近的分子附着在表面上，与自由气流相邻的分子则随之移动。边界层可以是层流或紊流，可能被假设为黏性（胶状）或非黏性（无摩擦）。

碳制舵

以碳制成的喷气舵，置于火箭发动机排气流中，用于导向控制。

弦

机翼前缘与后缘之间的直线距离。

CM

“阿波罗号”指挥舱（Command Module）；“猎户座”飞船船员舱（Crew Module）。

燃烧室

推力室（参见单独词条）内的密闭区域，火箭推进剂在此点燃并燃烧，之后通过收扩喉道加速，并通过喷嘴膨胀。

威廉·康格利夫爵士（1772—1828）

英国陆军中尉，为皇家陆军开发了使用固体燃料的一级和二级火箭、定时信管及降落伞系统。“康格利夫”火箭因美国国歌《星条旗永不落》而名传后世。

CSM

指挥与服务舱（Command and Service Module）（“阿波罗号”）；船员与服务舱（Crew and Service Module）（“猎户座”飞船）。

低温推进剂

极低温的液体火箭燃料或氧化剂，比如液态氢（-259℃～-253℃）和液态氧（-219℃～-183℃）。

德拉瓦尔喷嘴

传统的收缩-扩张式火箭喷嘴，以瑞典工程师卡尔·德拉瓦尔（1845—1913）命名。这种形状可在喷嘴出口处将气流加速至超声速。

速度改变量

在没有因重力、大气阻力、背压等造成性能损失的情况下因火箭燃烧造成的速度理论变化或ΔV，比冲（参见单独词条）和质量比（参见单独词条）是决定ΔV的主要因素。

$$\Delta V = c\ln\left(\frac{M}{m}\right)$$

阻力损失

速度增量（参见单独词条）的减少，影响发射器在大气中的工作，系气动阻力所致。

动压

飞行器因密度为 ρ 的空气分子的速度 v 而受到的压力 q。

$$q=2\rho v^2$$

偏心率

焦距（$2c$）与椭圆形、双曲线或抛物线（参见单独词条）长轴长度（$2a$）的比值 e。

$$e=\frac{c}{a}$$

EDS

地球离轨级（Earth Departure Stage），“战神 5 号”发射器的一部分。

椭圆

椭圆形曲线，使得从一个焦点到曲线上任意一点然后返回至另一个焦点的距离保持恒定不变。所有椭圆的离心率（参见单独词条）都介于 0 和 1 之间，所有封闭轨道都是椭圆形，母体占据其中一个焦点。

$$\frac{x^2}{a^2}+\frac{y^2}{b^2}=1$$

在这一标准等式中，椭圆中心位于笛卡尔坐标平面的原点。长轴和短轴的终点分别位于距离 y 轴和 x 轴的 a 和 b 单位处，各个焦点位于 x 轴上距离原点 $c=\sqrt{a^2-b^2}$ 处。

飞行包线

给定飞行器的高度和空速的特定范围。空天飞行器显然需要比任何其他飞行器具备更大的飞行包线。

逃逸速度

从太空中重力体永久逃逸所需要的速度。它始终等于圆形轨道速度两倍的平方根。下式中，g 表示航天器所在位置的重力加速度，r 为行星中心到航天器的径向距离。

$$v_{\text{esc}}=\sqrt{2gr}$$

排气速度

排气产物离开喷嘴出口的速度（c），这是决定比冲（I_{sp}）和火箭性能的一个重要因素。将推力（F）除以推进剂质量流率（$\dot{m}$），即可得出。

$$c = I_{sp} g_c = \frac{F}{\dot{m}}$$

FFM

飞行和燃料管理（Flight and Fuel Management）。

液膜冷却

一种利用紧靠或靠近推力室壁注入的推进剂薄膜，从内部冷却火箭推力室的方法。随着薄膜的蒸发，它会在推力室壁上面形成冷却层，从而起到有效的冷却作用。

自由落体

一个物体在重力场中自由下落时的失重状态。由于重力场渗透所有空间，沿轨道运行的物体在中心体周围处于自由落体状态。

自由流

相对于在空气或水中运行的载具流动的流体流，通常通过边界层（参见单独词条）与载具隔离。

燃料

在与氧化剂（参见单独词条）一起燃烧时产生有用的热量或能量的固体、液体或气体推进剂（参见单独词条），比如乙醇、液态氢、煤油、甲烷、HTPB和铝粉。

竖架

发射器服务塔，供发射团队的工作人员出入、进行电气连接和使用推进剂管线。

气体发生器

用于产生炽热加压气体或气体流并将它们传输至火箭推进系统的其他部分的装置。这些气体通常用于为推进舱加压或旋转涡轮泵中的涡轮。

GEO

地球同步轨道（Geosynchronous Earth Orbit），这是一个高度为 35 887 km 的轨道，在该轨道中，卫星看似在地面上方的一个固定位置停留，通常由通信和气象卫星使用。

***G* 力**

一种模拟重量的惯性力，宇航员在高加速度或减速度期间受到此力。

万向架

一副铰接在彼此垂直的轴上的连接旋转机架，允许推力室指向任何方向，从而实现推力矢量控制。万向架亦用于支撑陀螺仪和陀螺飞行仪表，可在飞行载具的结构本身倾斜或旋转时在太空中保持固定姿态。

GLOW

起飞总重量（Gross Lift-Off Weight）。

罗伯特·H·戈达德（1882—1945）

美国物理学方面的教授、先驱火箭科学家。1926 年 3 月 16 日，戈达德从马萨诸塞州奥本附近的一个农场发射第一枚液体燃料火箭，之后将其基地迁至新墨西哥州罗斯维尔。他还进行实验证明火箭能够在真空中工作（1912），发明火箭筒雏形（1918），率先在火箭中使用陀螺仪和喷气舵（1932），并将薄膜冷却和万向架（参见单独词条）用于其设计之中，另外还作出众多其他贡献。

重力参数

其用于环绕给定重力体的轨道计算的常数（μ），等于牛顿万有引力常数（G）与中心体质量之积，或地球表面重力加速度（g）与该中心体半径（r）平方之积。

$$\mu = GM = gr^2$$

重力加速度

物体在重力场中下落时速度相对于时间的变化，用小写字母 g 表示，因宇宙中的不同地点而异。在地球表面上，标准重力加速度为

$$g_e = 32.174\ \text{ft/s}^2 = 9.806\ 65\ \text{m/s}^2$$

引力常数

牛顿万有引力常数（G），不要与地球表面的标准重力加速度（g_e）混淆。

$$G = 6.672\ 6 \times 10^{-11}\ \mathrm{Nm^2/kg^2} = 3.438\ 9 \times 10^{-8}\ \mathrm{ft^3/slug\ s^2}$$

重力梯度

局部重力场的幅值和方向。

重力损失

因重力作用，速度增量减少对太空发射器的影响。两种减少重力损失的方法分别是尽快加速至轨道速度，或者在有翼飞行器产生气动升力。

重力转弯

发射器遵循的轨迹，旨在最大限度地减小重力损失。发射期间通过逐渐侧向转弯发射器发生作用，当它加速时会发生两件事：① 地球表面因曲率开始远离火箭飞行路径；② 离心力开始抵消重力向心力。

重力井

重力场的几何表示法，底部的重力体和侧面的斜面表示重力梯度。

GTOW

起飞总重量（Cross Take Off Weight）。

陀螺仪

该仪表利用旋转质量在太空中保持固定方向，用于姿态和方向控制仪表和加速度计。

换热器

该装置由盘管组成，涡轮机热废气（已在气体发生器中加热）穿过该盘管，以便将热量传递至液态冷推进剂或盘管内的加压气体中。换热器还可除去空气流中的热量。

热传递

热量由一个物体或系统传递至另一个物体或系统。热量可通过传导、对流或辐射来传递。了解这些现象，对于使航天器在所有飞行状态中保持适当的温度非常重要。

HTHL

水平起飞、水平着陆（Horizontal Takeoff Horizontal Landing），是先进空天飞行器的飞行模式。另见 VLHA。

HTPB

端羟基聚二丁烯（Hydroxyl-Terminated PolyButadiene），一种固体火箭燃料，亦称作橡胶。

双曲线

离心率（$e=c/a$）（参见单独词条）大于 1 的开放式双分支曲线。相应的双曲线轨道具有大于 0 的比能（参见单独词条），可以从中心重力体逃逸。

$$\frac{x^2}{a^2}-\frac{y^2}{b^2}=1$$

双曲线公式与椭圆公式相似。其中，沿 x 轴测量的原点到各个焦点的距离为 $c=\sqrt{a^2+b^2}$。利用等式 $y=bx/a$ 和 $y=-bx/a$ 构建线性渐近线，即可绘制双曲线。然后通过点（a，0）和（$-a$，0）绘制曲线，焦点位于（c，0）和（$-c$，0）。两条曲线与 x 和 y 轴对称，如曲线与航天器逃逸路径对应，则一个焦点将与重力体中心对应。

双曲线轨迹

重力体附近的物体所遵循的逃逸轨道。双曲线轨迹的比能（参见单独词条）大于 0，离心率（参见单独词条）大于 1。然而，相对于行星，双曲线轨迹上的物体依然处于环绕太阳的椭圆形轨道。

自燃推进剂

燃料或氧化剂彼此接触时自发燃烧，比如 MMH、UDMH 和 N_2O_4。

理想排气速度

给定推进剂平均分子量、燃烧室压力和温度及周围压力，火箭推力室排气产物的理论最大速度。

冲量

总冲量（I）是恒定推力（F）与燃烧时间（t）之积，或可变推力对时间间隔的积分，与比冲相对（参见单独词条）。

$$I = Ft = \int_{t_1}^{t_2} F\mathrm{d}t$$

惯性制导

凭借一个自备式系统，利用一个由三个陀螺仪和三个加速度计组成并固定在万向架稳定平台的系统，使用惯性机架来控制航天器。加速度计测量航天器在三个轴方向上的加速度，而陀螺仪则发出信号，使平台保持正确对准。速度和位置是根据加速度计读数连续积分（计算）得出的。

行星际旅行

太阳系内的空间旅行。

恒星际旅行

太阳系以外的空间旅行。

喷气舵

可移动的陀螺控制面，由碳或某种其他弹性材料制成，置于火箭喷嘴排气流中，为航天器导向。

开普勒定律

由约翰尼斯·开普勒在 17 世纪初利用之前第谷·布拉赫的详细观测结果，提出的三大行星运动定律：

（1）行星沿椭圆形轨道环绕太阳运动，而太阳则处在椭圆的一个焦点处。

（2）在相等的时间内，太阳和运动中的行星的连线所扫过的面积都是相等的。

（3）行星轨道周期的平方与其半长轴的立方成正比。

LAS

发射中止系统（Launch Abort System），在“猎户座/战神”发射器上使用。

发射器

用于将航天器发射至轨道中的火箭，通常由两级或更多的液体或固体推进器组成。将来，发射器和航天器将被集成至可反复使用的单级入轨载具之中。

L/D

升阻比（lift-to-drag ratio），气动升力与大气阻力之比。升阻比为 20 的飞机在受到仅 1 lb 阻力时就能产生 20 lb 升力，这使它具有优异的机械性能。

LEO

近地轨道（Low-Earth Orbit），包括地球表面上方 200~800 km 的高度。

LES

发射逃逸系统（Launch Escape System），用在“阿波罗土星”发射器上。

升力

因机翼上方和下方压力差产生的气动力，是以下三项的代数积：升力系数（C_L），动压力（q）（参见单独词条）和机翼面积（S）。

$$L=C_{\mathrm{L}}qS=C_{\mathrm{L}}\left(\frac{1}{2}\rho v^2\right)S$$

升力体

根据其机身形状产生升力的飞行器。

LM

月球舱（Lunar Module），“阿波罗”两级月球着陆器，发音为“lem”。

LSAM

月球着陆舱（Lunar Surface Access Module），“猎户座”飞船两段式月球着陆器。

马赫数

飞行器速度与当地声速之比，取决于空气的温度和密度。

质量

物体内的材料数量，用斯勒格或千克表示。与重量相比，物体质量在已知的宇宙内保持恒定。

质量流率

用于指定液体火箭发动机内推进剂流率的值，用每秒斯勒格或每秒千克数表示，或用重量流率除以标准重力加速度表示。

$$\dot{m}=\frac{\mathrm{d}m}{\mathrm{d}t}=\frac{\dot{w}}{g_{\mathrm{e}}}$$

质量比

发动机点火前发射器和推进剂的总初始质量 M（或重量 W）与燃烧结束后的

最终质量（或重量 W）之比。质量比越高，在任何比冲下（参见单独词条）可实现的速度改变量（ΔV）越大。

$$R=\frac{M}{m}=\frac{W}{w}$$

最大动压

最大动压（q），等于空气密度“rho”（ρ）与速度平方之积的一半，即 $1/2\rho v^2$。发射时，动压随空速的增大而指数增长，而随空气密度的减小而线性减小。因此，上升期间通常有一个点出现“最大动压”。

MMH

单甲基肼（Mono-Methyl Hydrazine），在许多航天器姿态控制推进器中使用的自燃燃料。

动量

任何物体的质量（m）与速度（v）之积（p）。

$$p=mv$$

动量推力

因质量流率 $\dot{m}$ 与排气速度 c 之积得到的那部分火箭推力。另一部分推力分量被称作压推力（参见单独词条）。

$$F_M=\dot{m}c$$

NASA

美国国家航空航天局（National Aeronautics and Space Administration），1958 年由其前身美国国家航空咨询委员会（NACA）重组而成。

NASP

美国国家空天飞机（National Aero-Space Plane），在 20 世纪 80 年代末和 90 年代研发。

牛顿运动定律

艾萨克·牛顿爵士于 17 世纪提出的三大定律：

（1）物体总保持静止状态或匀速直线运动状态，直到受到外力作用为止。

（2）物体的加速度（a）跟所受的外力的合力（F）成正比，跟物体的质量

(m) 成反比。这一定律在数学上用等式 $F=ma$ 来表示。

(3) 两个物体之间的作用力与反作用力总是大小相等，方向相反。

牛顿万有引力定律

这是由艾萨克·牛顿爵士发现的数学原理，它指出，宇宙中每个质点（M）与另一个质点（m）依靠引力（F）相互吸引，该引力与两个质点的质量之积成正比，而与二者中心之间的距离或半径（r）的平方成反比。比例常数（G）为牛顿万有引力常数。

$$F=\frac{GMm}{r^2}$$

赫尔曼·奥伯特（1894—1989）

德国火箭先驱（出生于特兰西瓦尼亚），1923 年在其《飞往星际空间的火箭》一书中独立提出火箭驱动航天飞行的数学细节。

OPT

轨道推进剂转运（Orbital Propellant Transfer）。

最优膨胀

当推力室在指定周围压力下与排气自然膨胀准确匹配时，就会出现这种情况。这导致排气流与推力室轴平行，从而产生能效峰值。在火箭发射入轨的过程中，其发动机通常会出现过膨胀、最佳膨胀和欠膨胀的区域——依此顺序——但受到高度补偿的除外。

轨道

卫星在太空中重力体的影响下遵循的椭圆形、抛物线或双曲线路径。

氧化剂

燃料燃烧所需要的含氧的化合物，比如普通空气、液态空气、液态氧（LOX 或 LO_2）、四氧化二氮（N_2O_4）、过氧化氢（H_2O_2）、一氧化二氮（N_2O）和高氯酸铵（NH_4ClO_4）。

过扩展膨胀

一种低空时在一定周围压力条件下火箭喷嘴过大的情况，其通常会导致排气管与喷嘴壁分离。

抛物线

开放式单支曲线，离心率为 1，对应于比能等于 0 的轨迹。抛物线轨道最终会导致物体在无穷远处达到零速度。

$$y = ax^2 + k$$

参照这一标准等式和笛卡儿坐标，该曲线以 y 轴为对称轴，开口向上或向下，视 a 的符号而定。该曲线沿 x 轴平移 k 个单元长度。x 和 y 互换，则抛物线开口向左或向右。

有效载荷

进入太空的飞行器中有价值的部分，如发射器顶部的航天飞行器，或宇宙飞船内部的乘客和货物。

有效载荷部分

太空发射器中由有效载荷占据的部分（按质量或重量）。经济性目标是最大化有效载荷部分，这与最大化质量比率（参见单独词条）的工程要求相抵触。

飞马座

一枚固体火箭，2004 年从 B-52B 腹部空中发射了 X-43，该飞行器由超燃冲压发动机推进。

性能参数

对于飞机性能至关重要的四个参数：功率负载（重量/功率）、翼载（重量/机翼表面积）、阻力系数和最大升阻比 $(L/D)_{max}$。

近地点

绕地球的椭圆形轨道中的最低点。

纵向振动效应

推进剂流动不稳定所引发的火箭的纵向振动。

压力

单位面积的外力，用磅（lb）/平方英寸（psi）或磅（lb）/平方英尺（psf）表示。在国际单位制中，压力用牛顿（N）/平方米（m^2）表示，称作帕斯卡（Pa）。

压推力

周围压力（P_A）与作用在喷嘴出口区域（A_A）上的喷嘴出口压力（P_E）之差产生的那部分火箭推力，另一部分是动量推力（参见单独词条）。

$$F_P = (P_E - P_A) A_E$$

推进剂

可燃物质、燃料或氧化剂，在火箭发动机内燃烧，用于推进航天器。

冲压发动机

一种无转动部件的简易吸气式喷气发动机，它利用冲压空气压力代替涡轮机和压缩机维持燃烧，并产生推力。

RCS

反作用力控制系统（Reaction Control System）。

再生冷却

一种冷却火箭发动机的方法，推进剂通过推力室（参见单独词条）冷却套循环，然后再被引入至燃烧室（参见单独词条）内。

火箭

依靠动量守恒和牛顿第三定律加速的装置。一个方向上的排气动量等于另一个方向上的火箭动量。

火箭方程

火箭飞行基本方程，将排出气体的有效排气速度（c）和火箭的质量比（M/m）（参见单独词条）与可达到的速度增量（ΔV）关联起来：

$$\Delta V = c\ln(R) = I_{sp} g_e \ln(M/m)$$

用指数形式表示，则变为

$$R = e^{\Delta V/c}$$

尤金·桑格尔（1905—1964）

奥地利裔德国籍火箭工程师，“银鸟”远程轰炸机的设计师，《Raketenflugtechnik》（《火箭飞机工程学》）一书的作者。

卫星

环绕另一个（通常质量较大的）物体作轨道运行的物体。

土星 5 号

这个八部式 111 m 的“阿波罗号”发射器和探月太空船，由三级主火箭、两部式月球舱、指挥与服务舱和发射逃逸系统组成。五个一级 F-1 发动机产生总共 33 363.4 kN 的推力，使 2 812.3 t 的发射器从发射台起飞。唯一返回至地球的一部分是三人锥形指挥舱。

超声速冲压发动机

超声速燃烧冲压喷气发动机，在发动机内的超声速气流保持燃烧。与冲压喷气发动机不同，超声速冲压喷气发动机无扩散器，通常与机体集成在一起。

钻石形激波

火箭排气流中的可见激波，可能以一行静止亮斑的形式出现。

激波

压力、密度和温度因超声速气流而发生剧变的薄区，亦可能因爆炸、闪电或火箭发动机产生。

斯勒格

美国惯用度量体系中的质量单位，在地球表面，1 斯勒格等于 14.59 kg。

$$1\ \text{slug} = 1\ \text{lb s}^2/\text{ft} = 14.59\ \text{kg}$$

氢浆

液态氢和固态氢的混合物，密度较液态氢高 16%，热容较液态氢高 18%。其主要优点是减少任何用氢作燃料的航天器的起飞总重量，系燃料罐要求较小所致。基于这个原因，20 世纪 90 年代中期它被选作用于 NASP 计划。

比能

单位质量航天器的动能和势能之和，表示为

$$E = \frac{v^2}{2} - \frac{\mu}{r}$$

式中，v 为航天器相对于重力体的速度，μ 为中心体的重力参数（参见单独词条），r 为航天器与重力体中心之间的距离。

比冲

推力与燃料消耗量之比，或 1 lb 机载推进剂产生 1 lb 推力的时间，单位为 s。

可表示为推力（F）（单位为 lb）除以推进剂重量流率（$\dot{w}=\dot{m}g_e$）（单位为 lb/s）；或表示为总冲量 $I=Ft$ 除以所消耗推进剂总重量（w）；或表示为有效排气速度（c）（参见单独词条）与地球标准重力加速度（g_e）之比。

$$I_{sp}=\frac{F}{\dot{w}}=\frac{F}{\dot{m}g_e}=\frac{Ft}{w}=\frac{I}{w}=\frac{c}{g_e}$$

SRB

固体火箭助推器（Solid Rocket Booster）。

SSTO

单级入轨。

级

火箭中推进剂用完时坠落的部分，以此减轻质量，增大发射器的总质量比（参见单独词条）。

边条

气动成形的元件或隔舱，沿空天飞行器机身固定，通常用于携带额外的推进剂。

亚轨道

速度或能量不足以到达轨道的航天器所遵循的弹道。

推力

火箭推力室施加的外力（F），用 lb 或 N 表示，按照牛顿运动定律实现航天器或发射器加速。推力是动量推力和压推力分量的合力：

$$F=\dot{m}c+(P_E-P_A)A_E$$

其中，m 为推进剂质量流率［（slug 或 kg）/s］，c 为排气速度［（ft 或 m）/s］，P_E为喷嘴出口压力（psi 或 Pa），P_A为周围压力（psi 或 Pa），A_E为喷嘴出口面积（psi 或 m^2）。由于 P_A随着高度的增加而减小，推力在真空条件下总会达到峰值。

推力装置

塞式火箭发动机中低面积比（参见单独词条）的许多小推力室（参见单独词条）之一；其将排气产物排放至环形或线型斜面上。

推力室

常规火箭发动机的燃烧室（参见单独词条）、喉部和喷嘴。

推力架

典型的钢管结构，旨在将推力由火箭发动机传输至航天器。

推力矢量控制

万向架推力室能够调整推力轴的方向，从而控制飞行方向。

TLI

月球转移轨道射入（Trans-Lunar Insertion），此动作用于将航天器射入至月球轨迹。

TPS

热防护系统（Thermal Protection System）。

轨迹

受牛顿定律制约的空间路径。

康斯坦丁·厄杜尔多维奇·齐奥尔科夫斯基（1857—1935）

俄罗斯火箭科学家，有“宇宙航行学之父”之称，是自学成才的数学和物理教师，率先提出火箭动力太空飞行的理论细节，包括使用液体推进剂、喷气舵和分级。

TSTO

两级入轨（Two-Stage-To-Orbit）。

涡轮泵

一种由涡轮驱动的泵，在火箭中用于将液体推进剂转运至燃烧室。

UDMH

不对称二甲肼（Unsymmetrical Di-Methyl Hydrazine），是一种有毒性和腐蚀性的自燃燃料，用于许多航天器的反作用力控制系统中。

漏损

液体推进剂箱中有意腾空的部分。

欠膨胀

高空时指定周围压力火箭喷嘴过小的情况，通常会导致喷嘴后面排气膨胀。

矢量

一个具有大小和方向的物理量，在图形上用箭头表示，比如速度、推力、阻力和加速度。

速度

指定运动速度大小和方向的矢量。

速度增量

理论速度增量（ΔV），或速度改变量，航天器因火箭冲量获得或损失此物理量。实际 ΔV 可能因重力、阻力和其他损失而小于此值。ΔV 与排气速度（c）成正比，与质量比率（M/m）的对数成正比。

$$\Delta V = c\ \ln\left(\frac{M}{m}\right)$$

微调发动机

小型火箭发动机，用于对发射器的最终速度进行微调。

黏性相互作用

是指不断变厚的边界层可能在超声速时与非黏性流场发生相互作用的现象。当高速加热发生时，边界层因黏度增大和密度减小而扩展，这导致其与离发射器较远的非黏性区域相互作用，使阻力显著增大。升力、稳定性和热传递也会受到黏性相互作用的影响。

VLHA

以水平姿态垂直降落（Vertical Landing in a Horizontal Attitude），以水平姿态垂直起飞，描述超先进空天飞行器的鹞式飞行。这种飞行模式在 HTHL 中有效。

VTHL

垂直起飞、水平降落（Vertical Takeoff Horizontal Landing），与航天飞机一样。

VTVL

垂直起飞、垂直降落（Vertical Takeoff Vertical Landing）。比较 HTML 和 VLHA。

重量

物体所受重力的大小，因宇宙中的各星体引力体而不同。

翼载

机翼承受的压力，用宇航器总重量除以机翼面积即可得出。飞机任何部位受到的典型翼载介于 15（塞斯纳 172）至 100（C-5 银河运输机）磅/平方英尺。

工作物质

通过喷气发动机或火箭发动机加速并排气以提供推进力的流体材料。

沃纳·冯·布劳恩（1912—1977）

德裔美国籍火箭科学家，寻求实现载人航天。德国宇宙飞船旅行协会的早期成员，他设计了 V-2 火箭，后来帮助 NASA 开发其“阿波罗”计划的“土星五号”发射器。

附录 B　空天飞行器数理学

本节内容（原著）按字母顺序排列，便于使用。本书内容可分节阅读，无需从头至尾逐一阅读。新手可先查阅希腊字母表，然后弄清单位与换算方式。

离心力

许多物理学家声称，离心力并不存在，仅存在向心力，也就是将物体拉向旋转中心的力。试飞员并不同意这一看法。无论如何，正是离心力抵消万有引力，才能使环绕运行的物体持续自由落体运动。

$$离心力=(质量\times速度^2)/半径$$

$$F_e=mv^2/r$$

如欲理解该等式中的各单位，请阅读下文。若展开各单位，最后计算出来的离心力的单位应该是 lb（磅）。

例 1： 两架空天飞行器由 300 m 的可伸缩背载通道相连。这两架空天飞行器环绕共同重心进行运动时，旋转速度需达到多少才能人工模拟出火星的重力？火星表面的重力为地球表面重力的 37%。

解答： 根据牛顿第二定律，离心力等于离心加速度乘以质量。其次，离心加速度等于重力加速度，其中地球的离心加速度等于 32. 174 ft/s^2。

$$F_c=ma_c=mv^2/r$$

$$a_c=v^2/r$$

$$0.37\ g_e=v^2/50\ \text{ft}$$

$$v=(50\ \text{ft}\times0.37\times32.174\ \text{ft/s}^2)^{1/2}$$

$$v=24.397\ \text{ft/s}(\text{即边缘处速度})$$

$$旋转周长=C=2\pi r=2\pi(50\ \text{ft})=314.16\ \text{ft}$$

旋转速率=边缘处速度(ft/s)/旋转周长(ft/rev)= rev/s

旋转速率=(24.397 ft/s)/(314.16 ft/rev)= 0.077 658 rev/s

旋转周期(s/rev)= 1/旋转速率=1/0.077 658 s/rev=12.877 s/rev

根据这些信息，机组人员可能需（*a*）增加两架空天飞行器之间的距离，或（*b*）降低旋转速率以获得最低的人工 *g* 值。

换算

学会将一种单位换算成另一种单位将令人终身受益，只需少量练习便可熟练掌握。只需基本的手动计算器即可。如下为换算系数与少量示例。建议读者先阅读有关单位的章节。

1 in=2.54 cm

1 mi=1.609 344 km

1 ft=0.304 8 m

这些换算因数的使用方式如下：由于这些换算关系为等式，因此等式一边可除以等式另一边且结果为 1，因为任何值除以它本身总等于 1。在以上示例中，换算系数为 2.54 cm/in、1.609 344 km/mi 以及 0.304 8 m/ft。

例 2：将 7 956 miles 换算成 km：

7 956 mi×1.609 344 km/mi=12 804 km

这是地球的直径。

例 3：将 299 792 km 换算成 mi。

299 792 km/(1.609 344 km/mi)= 186 282 mi

该结果即光每秒大约传播的距离。

例 4：现在利用 ft 与 m 计算第一个问题。

[1 mi=5 280 ft,1 km=1 000 m]

7 956 mi×(5 280 ft/mi)×(0.304 8 m/ft)/(1 000 m/km)

= 42 007 680 ft×0.000 304 8 km/ft

=12 804 km

这是相同的答案。怎么样!

那么，什么时候应该乘以换算因数，而什么时候又该除以换算因数呢？很简单，只需看单位即可。始终确保你需换算的单位能相互抵消，并确保你需得到的单位为分子。那么，你获得的答案就始终是正确的。

动压

$$动压=1/2\times空气密度\times速度^2$$

$$Q=\frac{1}{2}\rho v^2$$

该等式表明，随着火箭加速然后进入稀薄的空气中，动压力呈直线降低（压力随时间变化图为直线），而以指数方式增加（曲线）。空气密度（ρ）属于线性因子，而速度（v）属于指数因子。

排气速度

$$排气速度=比冲\times地球标准重力加速度$$

$$c=I_{sp}g_e$$

在任何位置，即使太空，利用地球标准重力加速度进行计算，该等式仍然适用，因为比冲量等于推力（lb）除以推进剂的“重量”（地球上的重量——磅重）流率。利用量纲分析法可说明该等式的计算原理：

$$c=[lb/(lb/s)][ft/s^2]$$

$$c=[s][ft/s^2]$$

$$c=ft/s$$

希腊字母表

各等式中那些有趣的字母各自具有什么含义？若你完全不懂，那就对啦，因为这些字母都是希腊字母。希腊字母列表如下：

Α	α	alpha	Ι	ι	iota	Ρ	ρ	rho
Β	β	beta	Κ	κ	kappa	Σ	ϵ	sigma
Γ	γ	gamma	Λ	λ	lambda	Τ	τ	tau
Δ	δ	delta	Μ	μ	mu	Υ	υ	upsilon
Ε	ε	epsilon	Ν	ν	nu	Φ	φ	phi
Ζ	ζ	zeta	Ξ	ξ	xi	Χ	χ	chi
Η	η	eta	Ο	ο	omicron	Ψ	ψ	psi
Θ	θ	theta	Ρ	ρ	pi	Ω	ω	omega

质量与重量

质量仅指物体所含物质的总量。质量可以理解为物体内所有亚原子粒子——电子、质子与中子——的总和。因此，可以确定，在宇宙的任何地方，质量始终保持不变。质量的基本单位是 kg（千克）或 slug（斯勒格）。

t0. 1

t0. 2

t0. 3

t0. 4

t0. 5

t0. 6

t0. 7

t0. 8

重量是物体受万有引力作用后力的大小。重量取决于三个因素：物体的质量、当地加速度场的强度以及物体相对加速度场的运动状态。物体的重量等于其质量与其具有的加速度的乘积。重量的基本单位是 N（牛顿）或 lb（磅）。

例 5：瑞典宇航员 Astrid 在月球基地穿上航天服之前的重量为 21 lb，求该宇航员的一般质量（单位为 slug）。地球的重力加速度为 32. 17 ft/s^2，月球的重力加速度是地球上重力加速度的 1/6。

解答：根据牛顿第二定律，重量等于质量乘以重力加速度：

$$W=mg$$

为求得质量，我们可以得出：

$$m=W/g$$

带入数值：

$$m=(21\ \mathrm{1b}\times 6)/(32.17\ \mathrm{ft/s^2})$$

$$m=126\ \mathrm{1b}/(32.17\ \mathrm{ft/s^2})$$

$$m=3.9\ \mathrm{slug}$$

检查这一问题，我们可以发现，计算时 Astrid 在地球上的重量（126 lb）作为分子。该宇航员的质量为 3. 9 slug，在地球上的重量为 126 lb，在月球上的重量为 21 lb。

例 6：若地球上 1 kg 等于 2.2 lb，则 Astrid 在月球与地球上的质量（单位为 kg）和重量（单位为 N）等于多少？地球上的重力加速度等于 9.807 m/s^2。

解答：

$$(126\ \mathrm{lb})/(2.2\ \mathrm{lb/kg}) = 57\ \mathrm{kg}$$

$$W_E = mg = (57\ \mathrm{kg})(9.807\ \mathrm{m/s^2}) = 560\ \mathrm{N}$$

$$W_M = (57\ \mathrm{kg})(1/6)(9.807\ \mathrm{m/s^2}) = 93\ \mathrm{N}$$

因此，该宇航员的质量为 57 kg，在地球上的重量为 560 N，在月球上的重量为 93 N。

Per（“每”或“除以”）

进行数值计算时，若出现斜线（/），则表示“每”或“除以”。

例如，地球表面的标准重力加速度为 32.174 英尺每平方秒。若通过数学表达式进行表述，则上述信息可表示为：$g_e = 32.174\ \mathrm{ft/s^2}$。

火箭方程式

$$德尔塔\ V = 排气速度 \times 质量比的自然对数$$

$$\Delta V = c\ln(M/m)$$

有效数字

进行数学计算时，准确选择数字的位数非常重要，这样才能最终得出准确的有效数字。一般情况下，答案中有效数字的位数不得超过计算时所用任何数值的有效数字的位数。

将 1 000 000 km 换算成 mi：

$$1\ 000\ 000\ \mathrm{km}/1.609\ 344\ \mathrm{km/mi} = 621\ 371.192\ 237\ \mathrm{mi} \approx 600\ 000\ \mathrm{mi}$$

将 238 000 mi 换算成 km：

$$238\ 000\ \mathrm{mi} \times 1.609\ 344\ \mathrm{km/mi} = 383\ 023.872\ \mathrm{km} \approx 383\ 000\ \mathrm{km}$$

斯勒格（slug）

这是美国传统度量体系中的质量单位，1 slug 对应的地球表面重力为 32.174 lb。

$$1\ \mathrm{slug} = 1\ \mathrm{lb\ s^2/ft} = 14.59\ \mathrm{kg}$$

比冲

比冲是计算火箭发动机性能的最重要的参数之一。比冲的基本单位是秒（s）。比冲可以理解为火箭发动机利用 1 lb 推进剂产生 1 lb 推力持续的秒数。

比冲量=推力除以推进剂的“重量”流量

$$I_{sp}=F/\dot{w}^{*}$$

若大气提供反应物质，则比冲量显著升高，因为推进剂的重量流量仅指火箭上所有的推进剂，并不包括外部衍生的反应物质。

推进剂的“重量”流量实际上指的是质量流量与地球表面标准重力加速度的乘积。

单位

表达数字时，其后所跟单位可确定该等数字代表的含义。单位是指数字后面的短小词语，进行换算时，可利用单位确定选择乘法或除法。使用单位时，必须保证单位在逻辑上保持一致。若一名俄国宇航员高 2 米（m），一名美国宇航员高 6 英尺（ft），虽然 6-2=4，但是这两名宇航员之间的高度差并不是 4 m-ft。实际上，计算差值时必须以相同的单位进行计算：

$$\begin{aligned}&[2\ \text{m}]-[6\ \text{ft}]\\&=[(2\ \text{m})/(0.3048\ \text{m/ft})]-[6\ \text{ft}]\\&=[6.56167979003\ \text{ft}]-[6\ \text{ft}]\\&=0.56167979003\ \text{ft}\\&=6.74\ \text{in}\end{aligned}$$

矢量

将矢量想象成一支箭。矢量具有方向（箭头所指的方向）且有大小（箭的长度）。速度属于矢量，加速度以及所有飞行力（如升力、重力、推力与阻力）均属于矢量。

运载器的体积

若立体结构的尺寸加倍，则其体积应是原来的 2^3 倍，即原来的 8 倍，但其重量仅是原来的 2 倍。若立体结构的尺寸增至 3 倍，则其体积是原来的 3^3 倍，即原来的 27 倍，但其重量仅是原来的 3 倍。由此可以发现，尺寸发生微小变化将使体积发生重大变化，但是重量并不会发生重大变化。

假设一空天飞行器的推进剂载运量由两种部分体积构成，一个是直圆柱体，另一个是两个中空的三角形机翼。按照数学计算方法，两个三角形机翼可组合在一起构成一个矩形，这样计算体积将更加容易。于是计算公式包括两项，一项是圆柱体，另一项为机翼。需要已知机身的半径与长度，机翼的长度、宽度与高度。

$$V=l\pi r^2+lwh$$

该简化后的公式表明，若尺寸（长度 l、宽度 w、高度 h 与半径 r）增加，则体积将增加至原来的三次方。第一项产生这种结果是因为，计算体积时，长度与半径平方应相乘，而第二项产生这种结果的原因则是计算体积时，长度、宽度和高度相乘。

因此可得出结论，若运载器，如 X-15 的尺寸增加至原来的 4 倍，则其燃料载运量将增加至原来的 4^3倍，即 64 倍。当然，运载器满载燃料时，燃料的重量也将增加至原来的 64 倍，因而将这些燃料运载至太空的难度也增加至原来的 64 倍。

附录 C 空天飞行器时间轴

1903 年（12 月 17 日）	莱特兄弟第一次完成四驱动重于空气的飞机飞行
1919 年	罗伯特·戈达德出版《到达极高空的方法》
1926 年（3 月 16 日）	罗伯特·戈达德发射世界第一枚液体推进剂火箭（马萨诸塞州，奥本）
1928 年	弗莱茨·斯坦莫利用黑火药弹射器发射喷气式飞机 Ente，飞行距离为 1.2 km
1929 年	尤里·康德拉图克提出升力体以利用大气减速
1929 年	弗里茨·冯·欧宝在德国法兰克福市附近发射 RAK.1 固体推进剂火箭滑翔机
1930 年	弗兰克·卫通因为喷气式发动机获得专利，Gottlob Espenlaub 的火箭滑翔机的飞行速度达到 90 km/h（德国杜塞尔多夫）
1931 年	尤金·桑格尔博士开始液体燃料火箭试验（奥地利维也纳）
1931 年	Reinhold Tiling 发射带折叠翼的固体燃料推进铝制火箭
1931 年（6 月 9 日）	罗伯特·戈达德因为“火箭助推飞行器”获得专利
1933 年	尤金·桑格尔博士出版《Raketenflugtechnik》（火箭飞机工程学）
1934 年	威廉姆·斯旺的固体燃料火箭飞机的飞行高度达到 60 m（美国新泽西州大西洋城）
1937 年	H_2O_2 沃尔特发动机推动 Heinkel He-72 起飞，使用 Heinkel He-112 对 9 810 N 推力的液体燃料火箭进行飞行试验
1938 年	尤金·桑格尔博士与布雷特开始研究对跖火箭轰炸机
1939 年	Heinkel He-176 火箭飞机在佩内明德（Peenemünde）试飞
1940 年	拖曳式发射的科罗廖夫 RP-318-1 号推力可变滑翔火箭的速度达到 200 km/h
1941 年	梅塞施米特 Me 163A 型飞机的飞行速度创下 1 004.5 km/h 的世界纪录

续表

1944 年	Me 163 型喷气式飞机成为第一架投入使用的喷气式飞机
1945 年	V-2 有翼飞机滑翔时的马赫数达到 4
1947 年（10 月 14 日）	查克·耶格尔驾驶贝尔 X-1 飞行速度超过声速，马赫数达 1.06
1947 年（11 月 6 日）	X-1 的马赫数达 1.35，其飞行速度大约是莱特兄弟飞机的 30 倍
1951 年	道格拉斯飞行器公司的试飞员比尔·布里奇曼驾驶 D-558-2 “流星焰火”，飞行高度创下纪录，高达 23 850 m
1953 年	首架水平飞行超声速喷气式飞机，即 F-100 “超级佩刀”，首次试飞
1953 年	美国航空咨询委员会（NACA）的试飞员斯科特·克罗斯菲尔德驾驶道格拉斯飞行器公司的道格拉斯“流星焰火”号飞机，马赫数达 2
1956 年	埃文·金奇洛驾驶贝尔 X-2 时飞行高度达到 38.5 km，成为飞行高度首次超过 30 km 的飞行员
	梅尔·奥普特驾驶贝尔 X-2 飞行，马赫数首次达到 3，随后因飞机失控丧生
	两架 F-100 “超级佩刀” 首次成功实现“伙伴”燃料补给
1961 年	X-15 成为飞行马赫数首次超过 4、5 以及 6 的飞机
	X-15 成为飞行高度首次超过 60 km 的飞机
1962 年	X-15 的飞行动压首次超过 2 000 psf
	X-15 成为飞行高度首次超过 91 km，且首次达到 80 km 的飞机
1963 年	X-15 成为飞行高度首次超过 100 km 的飞机，达到 106 km
	X-15 的飞行高度再次超过 100 km，达到 108 km
1966 年	X-15 最高动压为 2 202 psf
	X-15 创下绝对速度世界纪录，马赫数达 6.33，即 6 838 km/h。
1966 年	诺斯罗普 HL-10 升力体首次飞行
1967 年	X-15 的飞行马赫数达 6.70，即 7 273 km/h——非官方速度世界纪录
	X-15 的飞行员迈克尔·A·亚当斯重返大气层时由于严重俯仰振荡而不幸身亡

续表

1969 年	X-24A 首次实现俯冲滑翔飞行
	诺斯罗普 HL-10 成为首个飞行速度高于声速的升力体
1970 年	HL-10 成为飞行速度最快的升力体，马赫数达 1.86，即 1 976 km/h
1972 年	比尔·达纳驾驶 M2-F3 升力体，最高飞行马赫数达 1.6，即 1 712 km/h
	约翰·曼克驾驶 M2-F3 升力体，实现最高飞行高度 22 km
1973 年	X-24B 升力体首次实现俯冲滑翔飞行（加利福尼亚州爱德华兹空军基地）
1974 年	X-24B 达到最高飞行速度，即 1 873 km/h
1975 年	X-24B 达到最高飞行高度，即 23 km
1977 年（8 月 12 日）	“企业号”航天飞机从加利福尼亚州爱德华兹空军基地 747 航母起飞，实现首次滑翔飞行
1981 年（4 月 12 日）	“哥伦比亚号”航天飞机实现首次航行——第一架沿轨道飞行的航天飞机
1986 年（1 月 28 日）	“挑战者号”航天飞机发射 73 s 之后爆炸，7 名宇航员全部罹难
1988 年（11 月 15 日）	苏联“暴风雪号”航天飞机完成唯一一次无人驾驶的航天飞行，并自动着陆
2001 年	“飞马座号”的助推器失控，首次 X-43 试飞失败
2002 年（5 月 12 日）	“暴风雪号”航天飞机的机库倒塌之后，飞机被毁
2003 年（2 月 1 日）	“哥伦比亚号”航天飞机重返大气层时爆炸，7 名宇航员全部罹难
2003 年（12 月 17 日）	“太空船一号”首次实现动力飞行，这也是莱特兄弟进行动力飞行 100 年纪念日
2004 年	X-43 无人驾驶超声速燃烧冲压喷气飞机创下世界空速纪录，马赫数达 6.83
	加利福尼亚州的莫哈韦机场成为莫哈韦太空站
2004 年（6 月 21 日）	“太空船一号”首次实现私人太空飞行，飞行高度达 100.1 km
2004 年（9 月 29 日）	“太空船一号”的飞行高度达 102.9 km

续表

2004 年（10 月 4 日）	“太空船一号”的飞行高度达 112.0 km 且获得艾克斯大奖（X-prize）
	X-43 无人驾驶超声速燃烧冲压喷气飞机创下世界空速新纪录，马赫数达 9.68
2006 年	首架可充气缩比太空舱“创世纪一号”随“第聂伯号”助推器进入轨道
2007 年	X-48B 无人驾驶翼身融合缩比试验机首次飞行

附录D　空天飞行器数据

本附录旨在列举、分类并详细说明几个空天飞行器或空天飞行器相关运载器的具体数据。

第一部分将列出所有已知的空天飞行器，而且根据它们是否（Ⅰ）进入大气层、（Ⅱ）进入亚轨道或（Ⅲ）进入轨道将其分类。沿轨道飞行的空天飞行器又可进一步分为（A）弹道式空天飞行器、（B）两级入轨（TSTO）/背负式设计空天飞行器或（C）单级入轨（SSTO）空天飞行器

第二节将按字母顺序列出空天飞行器模型并详细说明。

空天飞行器分类

Ⅰ. 大气层内飞行的火箭飞机/升力体/试验飞行器

A. 飞行器发射型

贝尔X-1（1947年，马赫数为1，1947年的试飞员为查克·叶格）

道格拉斯“流星焰火”D-558-2冲天火箭（1948—1956年，马赫数为2，1953年的试飞员为斯科特·克罗斯菲尔德）

贝尔X-2（1952—1956年，马赫数为3，1956年的试飞员为梅尔·阿普特）

M2-F1

M2-F2

M2-F3

HL-10

马丁·玛丽埃塔公司X-24A（1969—1971年）

X-24B

马丁·玛丽埃塔X-24C（1973—1975年），X-24C（1976年）

波音X-40（1998—2001年）

NASA X-38（1999—2002 年）

轨道科学公司 X-43（2001 年撤销）

欧洲宇航防务集团（EADS）菲尼克斯（2004 年）

波音 X-37（2006 年）

B. 自发射型

高迈特 Me 163（1944 年）

MiG-105“盘旋”（1976—1978 年）

OK-GLI“暴风雪号”穿梭机（1985—1988 年）

旋转火箭公司“旋子”（1999 面）

XCOR 公司 EZ 火箭（2001 年）

XCOR 公司 X“赛车”（2008 年）

II. 亚轨道空天飞行器

A. 飞行器发射型

北美 X-15（1959—1968 年）

“太空船一号”（2004 年）

“太空船二号”

太空探险公司 C-21

太空探险公司“探险者号”卫星

B. 跑道发射型

“攀登者”（2000 年）

喷射式飞机 XP（按计划）

“太空舰队”SF-01（2008 年）

XCOR 公司 Xerus（2008 年）

C. 弹道型

麦克唐奈 ASSET（1963—1965 年）

马丁 · 玛丽埃塔 X-23 PRIME（1966—1967 年）

洛克希德 · 马丁 X-33（约 1999 年）

Ⅲ. 轨道空天飞行器

A. 阶段式弹道型

动力滑翔机（1957—1963 年）

“快船号”空天飞行器（2005 年）

“希望-X 号”

MUSTARD

轨道空天飞行器（四位一体）

美国空军（USAF）X-37B 轨道试验飞行器（2008 年）

美国国家航空航天局（NASA）航天飞机（1981—2010 年）

“赫尔墨斯”（1987—1993 年）

“暴风雪号”穿梭机（1988 年，1993 年取消）

SpaceDev“追梦者号”（2008 年）

“银镖”（2009 年）

B. 单级入轨（SSTO）弹道型

“冒险星”

B. 由飞行器发射的水平起降及两级入轨型

“黑星”

“桑格尔”Ⅱ

C. 从跑道或轨道发射的水平起降及单级入轨型

“银鸟”（1935—1945 年）

“霍特尔”（1986—1988 年）

X-30，国家空天飞机计划（NASP）（1990—1993 年，洛克韦尔国际公司）

Avatar RLV（印度）

“云霄塔”（按计划）

Hopper（按计划）

D. 带空中推进剂输送及水平起降型

“黑马”

空天飞行器模型

“攀登者号”——英格兰布里斯托尔空天飞行器公司的大卫·阿什福德构思的两级入轨型空天飞行器的第二级。在入轨前，“攀登者号”背负在跑道发射型助推器上。“攀登者号”也可以用喷气发动机从跑道起飞，并用亚轨道太空旅游飞行中所用的火箭发动机和机上推进剂攀升至 100 km 处。概念型。

“黑马”——USAF 单人空天飞行器，在其自身火箭动力的助推下起飞，与传统空中加油机交会，接受加油机供应的过氧化氢（H_2O_2）氧化剂，并从约 12 km 的高空飞向轨道。其需要具备良好的亚声速升阻比。20 世纪 90 年代中期概念型。

“黑星号”——USAF 空中发射型载人空天飞行器，具有塞式发动机，在 30 km 高度处从大型载机上被释放，以便进行突击型轨道侦察。2006 年外传型。

BoMi——贝尔飞机公司两级完全可再用亚轨道导弹轰炸机或侦察飞行器。载人的三角翼助推器和载人的双三角滑翔火箭都可水平着陆。助推器：长 36. 5 m，翼展为 18. 3 m，两位机上人员。滑翔火箭：长 18. 3 m，翼展为 10. 7 m，1 位机上人员。推进剂：不对称二甲肼和四氧化二氮。1952—1955 年概念型。

BOR-4——无人操纵的苏联轨道试验飞行器，用于评估“暴风雪号”穿梭机的热防护系统。升力体设计是无人驾驶“螺旋”空天飞行器的缩比型。它用于评估高超声速进入和横向距离能力，并用于测试“暴风雪号”太空穿梭机项目中的防热材料。它在上述几个方面和亚声速飞行中均具有优良特性，因此，兰利研究中心使用这种外形作为其自身 HL-20 机上人员逃逸援救载具或人员发射系统的基础。绕地球飞行一周后，BOR-4 飞船将脱离轨道，滑翔再入，然后打开降落伞，溅落在海洋里，由苏联海军回收。1980—1984 年共飞行 5 次。

BOR-5——苏联无人亚轨道试验飞行器，采用 1/8 比例缩比模型，评估“暴风雪号”外形的空气动力学和热力学状况。1983—1988 年之间共飞行 5 次。

Brass 贝尔——美国空军在贝尔飞机公司资助的项目，在阿特拉斯洲际导弹发动机的基础上研制两级载人亚轨道侦察飞行器。1956 年概念型。

“暴风雪号”——苏联航天飞机，于 1988 年 11 月 15 日进行一次无人飞行，自动降落在拜科努尔航天发射场。与美国航天飞机的主要区别在于，主发动机没有安装在有翼轨道飞行器上，而是在能源号运载火箭基座上；捆绑式火箭将用煤油和液氧代替固体推进剂作为动力；且水平组装运载火箭，并在发射之前起竖。1998年，在无人操控的情况下飞行过1次。

DC-X Delta Clipper——麦克·唐纳公司的垂直起降（VTVL）空天飞行器，于20世纪90年代初建造并飞行。虽然进行了多次成功的大气试飞，但是在最后一次试飞时，飞行器侧倾，四个着陆支架中的一个无法展开，随后爆炸。于20世纪90年代飞行。

道格拉斯"流星焰火号"——官方名称为D-558-2，1953年11月20日第一架达到马赫数2的载人火箭飞机，由斯科特·克罗斯菲尔德驾驶。1948—1956年飞行。

欧洲宇航防务集团（EADS）阿斯特里姆太空旅游项目——这一概念旨在使用带小型喷气式发动机的火箭飞机从跑道上起飞，只使用喷气式发动机飞至12 km处，然后使用燃烧甲烷和液态氧的火箭发动机直线加速上升。飞行员和四名乘客将以这种方式到达100 km的高度，即到达太空边缘。目前正在研制中。

EADS"凤凰号"航天飞机——带机翼的试验台，"赫尔墨斯"的后继型号，Hopper的前身，其尺寸为标准尺寸的1/6，长度为6.9 m，翼展为3.9 m，质量为1 200 kg。2004年5月8日，直升机搭载的试验台从2.4 km高空释放，完成了90 s的GPS制导飞行，降落在瑞典基律纳欧洲航天发射中心。

EZ火箭——XCOR航空航天公司的火箭飞机，使用的是鲁丹的长EZ机身，其发动机由XCOR内部的液体火箭发动机代替。EZ火箭已进行了26次试飞，包括多次在飞行中重启火箭发动机的试验。2000—2005年，飞行26次。

"赫尔墨斯"——欧洲的载人空天飞行器项目，由"阿里亚娜5号"火箭发射，旨在将工作人员和货物送入哥伦布空间站。其最初由一个能容纳6位宇航员和4 500 kg货物的空天飞行器构成，但是在1986年发生"挑战者号"悲剧后，被减至3位宇航员且带有弹射座椅。"赫尔墨斯"的后部将安装资源模块，在再入前可将其抛弃。1987—1993年概念型。

HL-10——诺斯罗普水平着陆器是美国国家航空航天局研发的三角扁平形升力体，用于评估升力体外形的飞行和着陆能力，并支持发展航天飞机计划。

1966—1970 年，飞行 37 次。

“希望号”——日本 H-Ⅱ轨道飞机，弹道轨道空天飞行器，由 H-Ⅱ火箭发射，旨在向空间站运送货物。1987—2003 年概念型。

Hopper——欧洲航天局的空天飞行器概念，旨在从 4 km 的磁轨处发射空天飞行器，其大大减少了进入太空时对推进剂的需求。概念型。

HOTOL——单级入轨水平起降（HTHL）空天飞行器，由英国政府于 1991—1995 年研发。概念型。

“快船号”——俄罗斯升力体空天飞行器，其设计旨在能进行弹道式发射，并以一定的角度返回，从而减少工作人员承受的过载。2004 年至今，概念型。

M2-F1——“飞行的浴缸”。1963—1965 年间的飞行超过 477 次。

M2-F2——最初的设计中有两个尾翼，后来改型成为 M2-F3。1966—1971 年飞行。

M2-F3——M2-F2 的改进版，新增了较高的中心翼。1970—1972 年飞行。

Me 163 Komet——世界上第一架投入使用的火箭飞机。在第二次世界大战期间由德国人驾驶作为拦截攻击战斗机。飞行时间为 8 ~ 12 min，1944—1945 年飞行。

轨道空间飞机——旨在代替航天飞机计划的四个设计概念，包括①“阿波罗”型太空舱；② 升力体；③ 带机翼的细长机体；④ 带机翼的宽大体设计。最终选择“猎户座”太空舱替代航天飞机。

XP 火箭飞机——跑道起飞式亚轨道空天飞行器，由俄克拉荷马州伯恩斯平的全球火箭飞机公司研制，可用于太空旅游业。正积极发展中。

“旋子”——旋转火箭公司独特的空天飞行器设计，其实际上为空间直升机。其旋转体使用了顶部安装小型火箭的发动机，以在起飞时产生初始升力，然后由主火箭发动机点火。着陆时，旋转体的自转将实现软着陆。主发动机采用了旋转的塞式喷管，以进行自动的高度补偿。

“桑格尔二号”——德国于 20 世纪 80 年代开展的项目，以重新恢复尤金·桑格尔的两级入轨设计。背负式空天飞行器将从跑道上起飞，在一定的高度分离，然后飞入太空。20 世纪 80 年代，概念型。

德国亚轨道远程轰炸机计划——“银鸟”最初由尤金·桑格尔为载人亚轨道空天飞行器而设计，其最初被认为是“美洲轰炸机”，可以将炸弹投放至世界任何地方，故被称为远程轰炸机。20 世纪 40 年代，概念型。

SF-01 航天舰队项目——英国的私人合作项目，使用清洁的推进剂（液态氧和液态氢）和 8 个发动机，一次最多可运载 8 位太空旅行者和 2 位飞行员，达到 340 km 的远地点，比一般的空间高度高 100 km。这将为更长时间的失重飞行和更好地欣赏地球创造有利条件。概念型。

“云霄塔”号——英国 HOTOL 空天飞行器的改良版，由反应发动机有限公司的艾伦·邦德设计。当水平起飞时，无人飞行器将在新式发动机设计中使用液态氢，在进入大气顶部的轨道前使用氦封闭回路和过冷空气进行冷却。概念型。

“太空冒险探险者号”——由阿拉伯联合酋长国的哈伊马角宇航中心操控的亚轨道空天飞行器。它是基于 C-21“太空冒险号”而研制的飞行器，由俄罗斯米亚西谢夫设计局设计。

“太空船一号”（SS1）——第一架民用宇宙飞船和空天飞行器，获得过 X 大奖，在 2004 年 10 月两周内有两次飞行超过 100 km，从加利福尼亚莫哈韦宇航中心起飞，采用带有液态氧化剂的混合火箭发动机，以及折叠尾翼。2000—2004 年飞行。

“太空船二号”（SS2）——“太空船一号”的后继型号，旨在搭运载两名飞行员和 5 名宇航员进行亚轨道飞行，这一项目约开始于 2009 年。建设中。

“太空船三号”——继“太空船一号”和“太空船二号”之后的航天器，其能将太空旅行者带到轨道太空旅馆或空间站中。其发射方式目前还不得而知。这一概念形成于 2007 年。

航天飞机——美国的航天飞机，第一次飞行时间为 1981 年 4 月 12 日，由完全可重复使用的双三角有翼轨道器、可重复使用的固体推进剂式可捆绑助推器以及装有液态氢和液态氧的可抛式外部燃料箱（ET）构成。一般情况下，可运载 7 名人员和 25 t 的载荷至 LEO。负责运输绝大部分的国际空间站模块，修理哈勃太空望远镜，释放众多卫星、行星宇宙飞船以及执行科学任务。由于 SRB 接缝密封失效以及后来 ET 爆炸，“挑战者号”于 1986 年 1 月 28 日爆炸。因发射时左翼遭受泡沫撞击伤害，这继而导致左翼失灵以及重返时飞行器解体，“哥伦比亚号”于2003年2月1日爆炸。1977年用于进行逼近与下降测试的“企业号”，并到达太空。截至2007年年底，“发现号”“亚特兰蒂斯号”和“奋进号”仍处于服役状态。航天飞机舰队，预期退休时间为2010年。截至2007年年底飞行过120次。

SR-71“黑鸟”——高空马赫数为3的侦察机，是已知最快的涡轮喷气动力飞行器。在役。

“冒险星”——洛克希德·马丁公司的轨道单级VTHL空天飞行器，是X-33概念验证型飞行器的后继型号。该空天飞行器为完全可重复使用的组合，包括运载飞行器、轨道飞行器和空天飞行器，使用了线性塞式发动机，可大大增加效能。其采用了升力体设计，并配备小机翼进行控制。于20世纪90年代中期进行研究。概念型。

有翼V-2——V-2装配有两翼，可以增加航程。于1945年1月达到马赫数4。1945年飞行过2次。

XCOR Xerus——亚轨道跑道发射式空天飞行器，由XCOR航空航天公司研发。其使用的是内部活塞泵液体推进剂式发动机，燃烧的是甲烷或煤油和液态氧。截至2007年，仍在研发中。

X-20动力滑翔机——一人驾驶的弹道轨道侦察空天飞行器或轨道轰炸飞行器，由“大力神”Ⅲ液体火箭和可捆绑固体助推器发射。于1957—1963年开展的项目，后取消。

X-24A——1969—1971年飞行过28次。其外形借鉴了X-38 CRV。

X-24B——从X-24A改造而成的飞行“熨斗”。双三角扁平翼。1973—1975年飞行。

X-1——贝尔公司的研究性火箭飞机，于1947年10月14日成为第一架突破声障的载人飞行器。

X-2——贝尔公司的研究性火箭飞机，第一架达到马赫数3的飞机。

X-15——美国国家航空航天局（NASA）/国防部联合研制的以火箭为动力的飞行器；已于20世纪60年代初到达108 km的高空，并为“水星号”“双子号”“阿波罗号”以及航天飞机计划提供数据。1959—1968 年飞行 199 次。

X-30 NASP——国家空天飞机，在升力体乘波器中使用了超燃冲压喷气发动机，以实现单级入轨（SSTO）宇宙飞行和主要城市间的快速飞行。20 世纪 90 年代初，概念型。

X-33——“冒险星”单级入轨空天飞行器的缩比验证机。X-33 是无人驾驶的 VTHL 升力体，其带有一体化复合推进剂燃料箱和线性塞式发动机。由于燃料箱构造问题，以及人们对在美国大陆进行无人飞行试验的担忧，该项目于 2001 年被取消。

X-43 Hyper X（高超声速研究机）——超燃冲压发动机无人飞行器，由 B-52 载机和飞马座（Pegasus）助推器发射；验证了马赫数 6~10 的高超声速巡航飞行。2004 年飞行过 2 次。